The Encyclopedia of Korean Reptiles

한국 파충류 생태 도감

한국 생물 목록 35
CHECKLIST OF ORGANISMS IN KOREA

한국 파충류 생태 도감
The Encyclopedia of Korean Reptiles

펴낸날 2023년 5월 9일
지은이 이정현, 김일훈, 박대식

펴낸이 조영권
만든이 노인향
꾸민이 ALL contents group

펴낸곳 자연과생태
등록 2007년 11월 2일(제2022-000115호)
주소 경기도 파주시 광인사길 91, 2층
전화 031-955-1607 **팩스** 0503-8379-2657
이메일 econature@naver.com
블로그 blog.naver.com/econature

ISBN 979-11-6450-055-0 96490

The Encyclopedia of Korean Reptiles

한국 파충류 생태도감

글·사진 | 이정현, 김일훈, 박대식

자연과생태

일러두기

- 2023년 기준으로 우리나라에서 기록된 파충류 31종을 소개했다.
- 국내외 법정관리현황은 2023년 4월을 기준으로 표기했다.
- 각 종의 국명, 학명, 영명은 한국양서·파충류학회 목록, 국가생물종목록, The Reptile Database, IUCN Red List 등을 참고해 표기했다.
- 각 종의 분포, 분류, 생활사, 법정관리현황, 형태, 생태 등에 대한 상세한 설명과 다양한 사진을 실었다.
- 참고한 논문과 보고서를 본문 해당 부분에 표기하고 그 출처를 확인할 수 있도록 뒤쪽에 참고문헌을 정리해 실었다.
- 우리나라에 사는 파충류에 관한 정보를 외국인도 참고할 수 있도록 주요 특징을 영문으로 요약해 실었다.

은밀하고 신비한 동물, 파충류

'뱀'을 말할 때, 성경에 나오는 선악과를 떠올리거나 위험하고 징그럽다고 생각하는 사람이 많은가 하면 정말 매력적인 동물이라며 좋아하는 사람도 있습니다. 어떤 사람은 뱀의 징그럽고 위험한 면을 보고 어떤 사람은 아름다운 면을 봅니다. 그런데 시선이 한쪽으로 치우치지 않고 두려우면서도 아름다운 세상을 동시에 바라볼 수는 없을까요? 이 책이 파충류의 양면을 고루 바라보는 데에 도움이 되길 기대합니다.

파충류는 뱀과 거북으로 대표되는 무리입니다. 석탄기 후기인 약 3억 1,000만 년 전 지구에 처음 나타나 중생대에 가장 번성했습니다. 1,000종이 넘는 공룡이 살던 그 시기를 '파충류 시대'라고 합니다. 파충류는 건조한 육지에 적응하면서 허파로만 호흡하게 되었고 피부는 두꺼워지거나 비늘로 덮였습니다. 땅의 진동을 네 다리로 감지해 속귀에 전달하는 방식으로 소리를 듣습니다. 입천장에는 야콥슨기관(Jacobson's organ)이라는 추가적인 후각기관이 있습니다. 뱀이 혀를 날름거리는 것은 공기 중에 있는 냄새 분자를 야콥슨기관으로 옮겨 가는 행동입니다. 또한 살모사과 종은 콧구멍과 눈 사이에 열을 느끼는 피트기관(pit organ)이 있어 열로 먹이를 감지하고 추적할 수 있습니다. 살모사를 비롯한 일부 파충류는 치명적인 독을 가지고 있기도 합니다. 일부 도마뱀과 거북 들의 성별은 유전자가 아니라 알이 부화할 때의 온도에 따라 결정되기도 합니다. 파충류는 성숙한 뒤에도 계속 자라기 때문에 대개 나이를 먹을수록 몸이 커집니다. 비단뱀 종류는 길이가 10m에 달하기도 하며, 장수거북은 몸무게가 900kg을 넘기도 합니다.

생태계에서 파충류는 곤충류, 양서류, 설치류, 조류 등을 잡아먹는 포식자이자 멧돼지, 오소리 같은 포유류, 매나 수리 같은 맹금류의 피식자입니다. 농경사회에서는 쥐 같은 설치류의 수를 조절하는 데에 핵심 역할을 했습니다. 2022년 세계자연보전연맹(IUCN)이 평가한 파충류 1만 종 가운데 21% 이상이 절멸 위험에 처했습니다. 파충류는 성숙하기까지 2~3년 이상 걸리며 이동 범위가 제한적이고 일광욕과 동면을 위한 특별한 환경이 꼭 필요하기 때문에 서식지 교란이나 파괴에 매우 취약합니다. 게다가 애완용, 식용, 약용으로 불법 포획되는 일이 가장 많은 무리이기도 합니다. 파충류가 생태계에서 제 역할을 다할 수 있도록 보호하고 도우려면 이들의 종류와 생태를 이해하는 것이 먼저입니다.

파충류는 거북목(Testudines), 유린목(뱀목, Squamata), 악어목(Crocodylia), 옛도마뱀목(Rhynchocephalia) 4개 목(Order)으로 나누며 그에 딸린 91개 과(Family)에 약 1만 1,940종이 있습니다. 2022년 기준 Reptile database에 따르면 거북목은 14과 94속 363종이 보고되었습니다. 우리나라에 담수거북은 자라, 중국자라, 남생이, 붉은귀거북 4종이 살며, 바다거북은 푸른바다거북, 붉은바다거북, 매부리바다거북, 올리브바다거북, 장수거북 5종이 삽니다. 피부에 비늘이 있는 유린목은 도마뱀아목과 뱀아목으로 분류하며 현재 27과 1,114속 1만 1,348종이 보고되었습니다. 우리나라에 도마뱀아목은 도마뱀부치, 도마뱀, 북도마뱀, 아무르장지뱀, 줄장지뱀, 표범장지뱀 6종이 살며, 뱀아목은 누룩뱀, 구렁이, 무자치, 유혈목이, 대륙유혈목이, 능구렁이, 실뱀, 비바리뱀, 쇠살모사, 살모사, 까치살모사, 얼룩바다뱀, 먹대가리바다뱀, 바다뱀, 좁은띠큰바다뱀, 넓은띠큰바다뱀 16종이 삽니다. 악어목에는 3과 9속 27종이 보고되었습니다. 그중 엘리게이터과(Alligatoridae)에 8종, 크로크다일과(Crocodylidae)에 18종, 가비알과(Gavialidae)에 1종이 있습니다. 악어목 중에서 입을 다물었을 때 아래턱 네 번째 이빨이 드러나면 크로커다일과, 드러나지 않으면 엘리게이터과로 구분합니다. 가비알과는 가늘고 긴 주둥이가 특징입니다. 우리나라에는 악어목에 속한 종이 살지 않습니다. 옛도마뱀목에는 뉴질랜드에 사는 옛도마뱀 1종만이 있습니다.

이 책은 2016년에 출간한 『한국 양서류 생태 도감』과 짝을 이루는 도감입니다. 우리나라(남한)에 사는 파충류 종의 분류, 형태, 생태에 관한 상세한 설명과 함께 저자들이 직접 촬영한 풍부한 사진을 실었습니다. 본문 각 종의 첫 쪽에는 대표 사진과 함께 분류학적 위치, 영명, 학명, 분포, 법적관리현황 및 생활사를 실었으므로 종의 현황을 한눈에 볼 수 있습니다. 그러면서 분류학적 연구가 새롭게 진행된 종은 '분류' 항목을 추가해 변경된 내용을 기재했습니다. '형태'에서는 몸 색깔, 크기, 다른 종과 구별되는 특징을 설명했고, '생태'에서는 분포, 서식지, 먹이원, 번식 등을 국내외 연구논문과 보고서를 참고해서 설명했습니다. 가능한 본문에 인용한 문헌의 출처를 밝히고, 더욱 자세히 살펴보길 바라는 분들이 관련 자료를 찾아볼 수 있도록 책 마지막에 해당 문헌의 목록을 정리해 실었습니다. 그리고 우리나라 파충류에 관심 있는 외국인에게도 도움을 주고자 영어 요약문도 실었습니다.

『한국 파충류 생태 도감』 발간에 도움을 주신 한국 양서·파충류학회 임원진과 자연과생태 출판사에 깊이 감사드립니다. 아울러 전체 구성과 내용을 함께 고민하고 집필한 이정현 박사, 김일훈 박사에게 감사한 마음을 전합니다. 이 도감이 호기심 가득한 눈으로 파충류를 바라보는 아이들과 전문적인 정보를 찾는 분들에게는 친절한 참고서가 되고, 막연히 두려워하는 분들에게는 인식의 전환점이 되길 바랍니다.

2023년 5월
대표저자 박대식

형태 및 기재용어

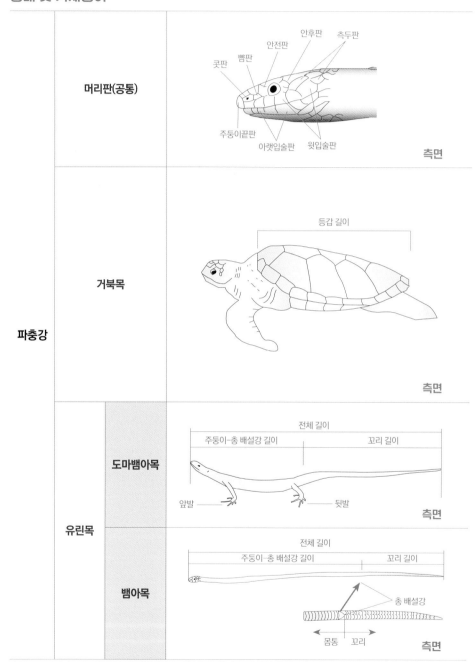

파충강	머리판(공통)	콧판 뺨판 안전판 안후판 측두판 / 주둥이끝판 아랫입술판 윗입술판 / 측면
	거북목	등갑 길이 / 측면
	유린목 도마뱀아목	전체 길이 / 주둥이-총 배설강 길이 꼬리 길이 / 앞발 뒷발 측면
	유린목 뱀아목	전체 길이 / 주둥이-총 배설강 길이 꼬리 길이 / 총 배설강 / 몸통 꼬리 측면

참고문헌: Gomez and Miclat, 1990; Powell *et al*., 1998; Eckert *et al*., 1999; Park *et al*., 2006; 주, 2009

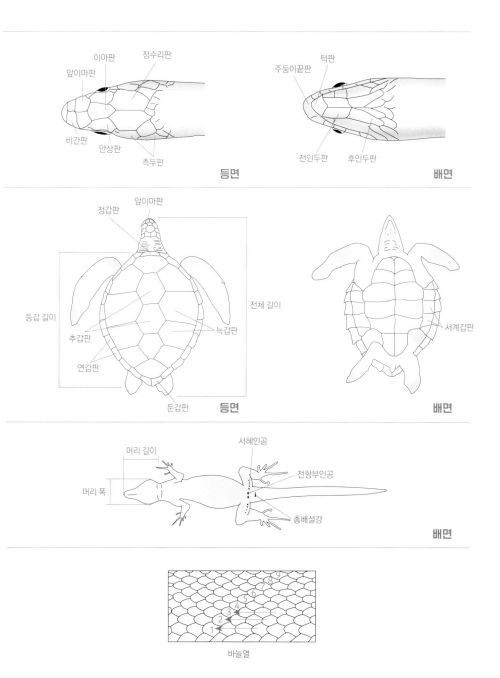

등면

배면

앞이마판
이마판
정수리판
비간판
안상판
측두판

주둥이끝판
턱판
전인두판
후인두판

정갑판
앞이마판
등갑 길이
전체 길이
추갑판
늑갑판
연갑판
둔갑판
등면

서계갑판
배면

머리 길이
머리 폭
서혜인공
전항부인공
총배설강
배면

바늘열

서혜인공(鼠蹊鱗孔, femoral pore) 사타구니 안쪽 비늘에 있는 구멍

전항부인공(前肛部鱗孔, preanal pore) 항문 앞쪽 비늘에 있는 구멍

용골(龍骨, keel) 비늘 또는 갑판에 도드라진 융기선

인두판(咽頭板, mentonale) 턱 아래 비늘로 앞쪽은 전인두판, 뒤쪽은 후인두판

안전판(眼前板, preocular) 눈 앞쪽의 비늘로 뒤쪽의 비늘은 안후판

주둥이끝판(吻端板, rostal) 위턱 주둥이 끝에 있는 비늘

비간판(費間板. internasal) 콧구멍이 있는 콧판(nasal) 사이에 있는 비늘

앞이마판(前額板, prefrontal) 정수리판 앞에 있는 비늘

독샘(venom gland) 독사 종류 머리 안쪽에 있는 독을 생성해 저장하는 샘

목덜미샘(nuchal gland) 유혈목이 목덜미에 있는 독을 저장하는 샘(주머니)

피트기관(pit organ) 살모사 종류 눈과 콧구멍 사이에 있는 열 감지기관

배갑(背甲, upper shell = 등갑) 거북 종류의 등딱지(한자와 한글 혼동을 막고자 등갑으로 표기)

복갑(腹甲, lower shell) 거북 종류의 평평한 배딱지

정갑판(頂甲板, nuchal) 등갑 맨 앞 가운데 판으로 목덜미와 만나는 갑판

추갑판(推甲板, vertebral) 등갑 척추를 따라 일렬로 늘어선 갑판

늑갑판(肋甲板, lateral) 추갑판 양쪽으로 갈비뼈 위치에 있는 갑판

연갑판(緣甲板, marginal) 등갑 가장자리에 있는 갑판

둔갑판(臀甲板, supracaudal) 연갑판 맨 뒤 꼬리(총배설강) 바로 위에 있는 갑판

서계갑판(鼠蹊甲板, inframarginal) 등갑과 배갑을 연결하는 부위에 있는 연한 갑판

참고문헌: 강과 윤, 1975; 김과 송, 2010; 이와 박, 2011

종 검색표

1. 몸통이 비늘(鱗)로 덮여 있다. ··· 2

　　몸통이 딱지(甲)으로 덮여 있다. ··· 23

2. 다리가 있다. ··· 3

　　다리가 없다. ·· 8

3. 발가락에 흡반이 있다. ··· **도마뱀부치**

　　발가락에 흡반이 없다. ··· 4

4. 비늘에 광택이 있고 서혜인공이 없다. ································· 5

　　비늘에 광택이 없고 서혜인공이 있다. ································· 6

5. 등면의 황갈색과 몸통 측면 흑갈색의 구분이 뚜렷하다. ········· **북도마뱀**

　　등면의 황갈색과 몸통 측면 흑갈색의 구분이 뚜렷하지 않다. ··········· **도마뱀**

6. 등면의 비늘은 작은 알갱이 모양이고 용골이 없다. ············· **표범장지뱀**

　　등면의 비늘은 기와 모양이고 뚜렷한 용골이 있다. ··················· 7

7. 몸통 측면에 백색 줄무늬가 있고 서혜인공은 1쌍이다. ··········· **줄장지뱀**

　　몸통 측면에 백색 줄무늬가 없고 서혜인공은 3 또는 4쌍이다. ··········· **아무르장지뱀**

8. 위턱에 긴 독니가 1쌍 있다. ··· 9

　　위턱에 긴 독니가 없다. ·· 12

9. 꼬리 끝이 뾰족하고 육지에 서식한다. ······························· 10

　　꼬리가 지느러미 모양으로 납작하고 바다에 서식한다. ··············· 19

10. 몸통 가운데 비늘열은 21개이고 혀는 대부분 적색이다. ··········· **쇠살모사**

　　몸통 가운데 비늘열은 23개이고 혀는 대부분 흑색이다. ············· 11

11. 등면에 흑색 반점이 있고 눈 위에 백색 줄무늬가 있다. ·······················**살모사**

　　등면에 흑색 줄무늬가 있고 눈 위에 백색 줄무늬가 없다. ················**까치살모사**

12. 후인두판이 전인두판보다 길다. ··· 13

　　후인두판이 전인두판보다 짧거나 같다. ·· 16

13. 머리부터 꼬리까지 등면을 따라 황백색 줄무늬가 있다. ·····················**실뱀**

　　머리부터 꼬리까지 등면을 따라 황백색 줄무늬가 없다. ····················· 14

14. 몸통 가운데 비늘열은 17줄이고 비늘에 용골이 없다.······················**비바리뱀**

　　몸통 가운데 비늘열은 19줄이고 비늘에 용골이 있다.·························· 15

15. 위턱 뒤쪽에 독니가 1쌍 있고 안전판은 2개이다.······················**유혈목이**

　　위턱에 독니가 없고 안전판은 1개이다.·····························**대륙유혈목이**

16. 동공이 세로형이다. ···**능구렁이**

　　동공이 원형이다. ··· 17

17. 몸통 가운데 비늘열은 19~21개이고 비늘에 용골이 없다.·····················**무자치**

　　몸통 가운데 비늘열은 23~26개이고 비늘에 용골이 있다.······················ 18

18. 몸통 가운데 비늘열이 23개이다. ···**구렁이**

　　몸통 가운데 비늘열이 24~26개이다. ··**누룩뱀**

19. 콧판이 서로 붙고 배비늘이 등비늘의 3배보다 작다. ························· 20

　　비간판이 있고 배비늘이 등비늘보다 3배 이상 크다. ························· 22

20. 주둥이가 납작하고 길다. 등은 검은색이며 배면에 황색 무늬가 뚜렷하다. ··········**바다뱀**

　　머리가 짧고 몸통 전체에 세로 줄무늬가 있다. ······························· 21

21. 등비늘열이 42개 이상이다.··**얼룩바다뱀**

　　등비늘열이 42개 미만이며, 독니 뒤 상악치가 7개 미만이다. ············**먹대가리바다뱀**

22. 주둥이끝판이 가로로 갈라져 2개이다. ···················· **넓은띠큰바다뱀**
    주둥이끝판이 길며 하나이다. ···················· **좁은띠큰바다뱀**

23. 네 다리가 지느러미 모양이 아니고 민물에 서식한다. ···················· 24
    네 다리가 지느러미 모양이고 바다에 서식한다. ···················· 27

24. 등갑 가장자리가 무르고 발톱은 3개이다. ···················· 25
    등갑 전체가 단단하고 발톱은 4~5개이다. ···················· 26

25. 배갑이 황색이며 목과 앞발에 황색 반점이 있다. ···················· **자라**
    등갑에 낮은 융기가 있고 황색 반점이 없다. ···················· **중국자라**

26. 등갑에 용골이 3줄 있고 머리 측면에 담녹색 줄무늬가 있다. ···················· **남생이**
    등갑에 용골이 없고 머리 측면에 적색 반문이 있다. ···················· **붉은귀거북**

27. 등갑과 배갑이 단단한 갑판으로 덮여 있고 머리는 비늘로 둘러싸여 있다. ···················· 28
    등갑과 배갑이 가죽으로 덮여 있고 머리에 비늘이 없다. ···················· **장수거북**

28. 등갑의 갑판이 서로 겹친다. ···················· **매부리바다거북**
    등갑의 갑판이 서로 겹치지 않는다. ···················· 29

29. 서계갑판에 구멍이 있다. ···················· **올리브바다거북**
    서계갑판에 구멍이 없다. ···················· 30

30. 추갑판이 5개이고 늑갑판이 4쌍이다. ···················· **푸른바다거북**
    추갑판이 5개이고 늑갑판이 5쌍이다. ···················· **붉은바다거북**

참고문헌: 강과 윤, 1975; 김과 송, 2010, Chang *et al.*, 2012; Rasmussen, 2001

한국 파충류 생태 도감

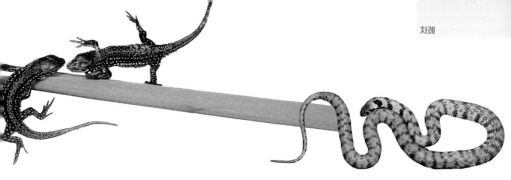

유린목_뱀아목

척삭동물문 > 파충강 > 거북목 > 바다거북과

푸른바다거북

학명 *Chelonia mydas* (Linnaeus, 1758)
영명 Green turtle

분포 ── 국내 전 해역(제주 해역 포함)
　　　　　└ 국외 대서양, 인도양, 지중해, 태평양 등

법정관리현황 ── 국내 해양보호생물, 포획·채취 등의 금지 야생생물
　　　　　　　　└ 국외 IUCN Red List 'EN' (Endangered, 위기), CITES Appendices I

생활사

| 1월 | 2월 | 3월 | 4월 | 5월 | 6월 | 7월 | 8월 | 9월 | 10월 | 11월 | 12월 |

활동기　　짝짓기　　산란기

형태

등갑 길이는 80~120cm이고 무게는 90~130kg이다. 2017년 우리나라에서 최초로 인공 증식한 어린 개체는 등갑 길이가 평균 44.5mm, 폭이 36.6mm, 무게는 22.4g이었다(조 등, 2022). 등갑은 타원형이고 폭은 길이의 약 80%이며, 청색, 청갈색, 황갈색 또는 암갈색으로 빛깔이 다양하다. 등갑은 여러 개 갑판으로 나뉘며 얇고 매끄럽다. 추갑판은 5개이며 양쪽으로 늑갑판이 4쌍 있고, 첫 번째 늑갑판은 정갑판과 만나지 않는다. 연갑판은 11쌍이고 둔갑판은 1쌍이며 서계갑판은 4쌍이다. 머리와 다리를 등갑 안으로 완전히 넣지 못한다. 머리는 몸통에 비해 작고 뭉툭하며, 눈과 눈 사이에 길쭉한 앞이마판이 1쌍 있어서 다른 바다거북류와 쉽게 구별된다. 안후판은 양쪽에 4개씩 있다. 윗턱과 아래턱은 날카로운 톱니 모양이다. 네 발에는 각각 발톱 1개가 드러나 있다. 어린 개체는 등갑에 낮은 용골이 있지만 성체가 되면서 사라진다.

생태

세계적으로 열대와 아열대 해역에 분포하며, 주로 도서 연안과 대륙붕 주변에서 서식한다. 우리나라에서는 주로 여름철에 남해안과 제주도 해역에서 관찰된다. 겨울에는 일본, 중국, 베트남 등 더 따뜻한 지역으로 남하해 월동 후 번식한다. 17~23년이면 성숙하며(Fitzsimmons *et al.*, 1995, NOAA, 2022), 주로 단독생활을 하다가 번식하고자 2년에서 5년 주기로 산란지에 모여든다. 암컷은 한 해에 1~6회에 걸쳐 알을 평균 110개(24~277개) 낳는다(Ekanayake *et al.*, 2016). 알 길이는 34~45mm이며 산란 후 약 60일이면 부화한다. 수컷과 암컷 모두 여러 상대와 짝짓기하기 때문에 한 암컷에서 태어난 새끼들은 아비가 여럿인 다부성을 보인다(Ireland *et al.*, 2003). 어린 개체는 잡식성으로 해조류, 해파리 등을 잡아먹고 성체가 되면 초식성으로 바뀐다. 유전적으로 17개 무리로 분류하는데 우리나라에 나타나는 개체들은 남중국해에서 일본 남부까지 분포하는 북서태평양 무리로 알려졌다(Wallace *et al.*, 2010).

Chelonia mydas (Linnaeus, 1758)

Distribution Throughout the Korean Sea including Jeju Sea

Morphology and ecology

The upper shell is oval in shape, its length ranges 80-120 cm and its color is blue, bluish brown, yellowish brown, or light brown. Adults weigh between 90 and 130 kg. The body weight of a hatchling is 22.4 g, its upper shell length is 44.5 mm and its width is 35.5 mm. They have five vertebrals, a pair of four laterals, 12 marginals and four inframarginals. The head and limbs are unable to be folded into the shell. They distinctively have a pair of prefrontals. There are a pair of four postorbitals on the head. Each of the four feet has an externally exposed claw. When young, shallow keels present on the upper shell but disappear later.

They live mainly in tropical and subtropical waters worldwide. It is mainly found along island coasts and on the continental shelf. They are mostly observed in the summer. They are solitary, only congregating at the breeding site every 2-5 years. Females lay 24-277 eggs over 1-6 clutches each year. The longest length of the eggs ranges 34-45 mm and the eggs hatch in around 2 months. It takes 17-23 years to mature. There are typically multiple paternity in a clutch. Adults are herbivorous but juveniles are omnivorous, foraging on jellyfish and algae.

형태

등면(2022년 8월, 강원 고성)

전면(2016년 8월, 부산)

몸통에 비해 작고 둥근 머리(2016년 8월, 부산)

뒷발(2016년 8월, 부산)

갓 부화한 새끼(2017년 9월 ⓒ 아쿠아플라넷 여수)

등면(2020년 9월, 제주)

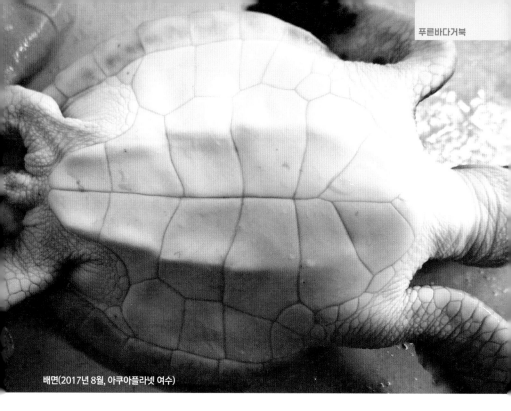

배면(2017년 8월, 아쿠아플라넷 여수)

입 안에 발달한 돌기(2018년 4월, 실내 촬영)

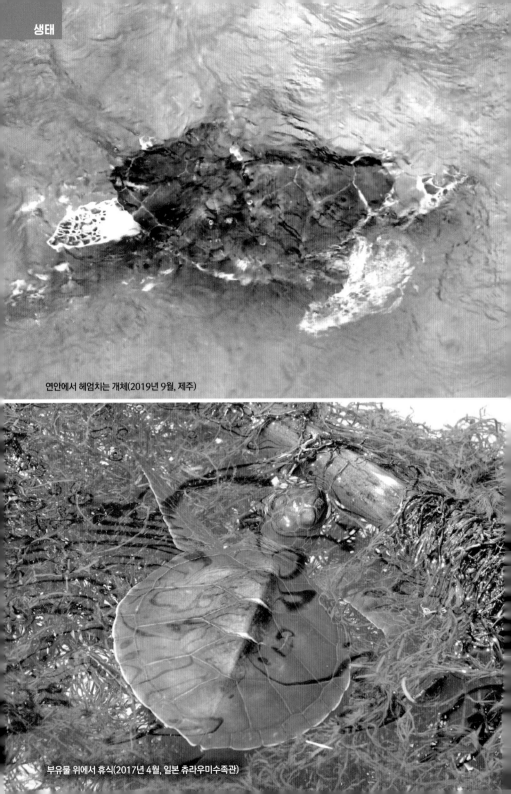

연안에서 헤엄치는 개체(2019년 9월, 제주)

부유물 위에서 휴식(2017년 4월, 일본 츄라우미수족관)

앞발을 접고 휴식(2017년 9월, 아쿠아플라넷 여수)

물속에서 짝짓기하는 한 쌍
(2017년 4월, 일본 츄라우미수족관)

인공 부화 중인 알(2018년 10월 ⓒ 아쿠아플라넷 여수)

부화 후 모래 위로 올라온 새끼(2017년 9월 ⓒ 아쿠아플라넷 여수)

부유물 위에서 쉬는 새끼들(2017년 3월 ⓒ 아쿠아플라넷 여수)

연안 주변에서 발견된 사체(2020년 6월, 제주)

어망에 걸린 채 발견된 사체(2021년 6월, 제주)

척삭동물문 > 파충강 > 거북목 > 바다거북과

붉은바다거북

학명 *Caretta caretta* (Linnaeus, 1758)
영명 Loggerhead turtle

분포 ── ┌ 국내 전 해역(제주 해역 포함)
　　　　　└ 국외 태평양, 대서양, 인도양 등

법정관리현황 ── ┌ 국내 해양보호생물
　　　　　　　　　└ 국외 IUCN Red List 'Vu' (Vulnerable, 취약), CITES Appendices Ⅰ

생활사

| 1월 | 2월 | 3월 | 4월 | 5월 | 6월 | 7월 | 8월 | 9월 | 10월 | 11월 | 12월 |

■ 활동기　■ 짝짓기　■ 산란기

형태

등갑 길이는 81~105cm이고 무게는 65~135kg이다. 등갑 폭은 길이의 76% 정도로 좁다. 머리가 크고 넓으며 등갑 길이의 23~28%이다. 우리나라에서 기록된 가장 큰 개체는 1962년 6월 22일 함경남도 퇴조군(락원군) 앞바다에서 잡힌 것으로 등갑 길이가 98.9cm, 무게가 160kg이었다(원, 1971). 등갑 갑판은 얇지만 단단하고 거칠며 따개비가 많이 붙는 편이다. 추갑판은 5개이며 늑갑판은 양쪽으로 5개씩 있고 첫 번째 늑갑판은 정갑판과 만난다. 연갑판은 대개 11~12쌍이고 둔갑판은 1쌍이다. 복갑 가장자리에 있는 서계갑판은 3쌍이며 구멍이 없다. 앞이마판은 2쌍이고 그 사이에 비늘이 1개 있다. 부리는 강하고 다른 바다거북에 비해 굵다. 앞발은 짧고 굵으며 네 발에 각각 뾰족한 발톱이 2개씩 있다. 수컷은 짝짓기하면서 암컷을 붙잡고자 발톱이 길고 안쪽으로 휘었으며 꼬리가 길어서 암컷과 쉽게 구별된다. 어린 개체는 등갑 갑판 가장자리가 뾰족하고 용골이 3줄 있지만 자라면서 없어진다.

생태

태평양, 대서양, 인도양의 열대 및 온대 해역에 광범위하게 분포한다. 북태평양 무리가 가장 크다(Wallace et al., 2010). 북태평양 무리 대부분이 일본 남부지역에서 번식하는 것으로 알려졌으며, 어린 시기에는 쿠로시오 난류를 타고 캘리포니아나 멕시코 등 북미지역으로 이동한 후 그곳에서 성장한다(Kamezaki et al., 2003, Okuyama et al., 2011). 우리나라에서는 제주도와 남해안 및 동해안에서 주로 나타나며 서해안에서는 매우 드물게 보인다. 주로 열대보다는 온대성 해역을 선호하고 산란지가 북반구에 위치하기 때문에 바다거북 중 유일하게 우리나라에서 산란 기록이 있는 종이다(김 등, 2017). 주로 수심이 얕은 해역에 서식하지만 장거리를 이동할 때에는 깊은 바다를 이용하기도 한다. 수명은 약 80년이고 17~35년이면 성숙한다. 주로 봄과 여름에 태어난 해역으로 돌아와 번식하는데 매년 번식하는 수컷과 달리 암컷은 2~3년 주기로 번식한다(NOAA, 2022). 암컷은 산란기 동안 약 2주 간격으로 알 더미 3~5개를 만들며 한 번에 알을 약 100개 낳는다. 알은 45~60일이면 부화한다(Matsuzawa et al., 2002). 주로 육식성으로 복족류, 이매패류, 십각류 같은 무척추동물을 잡아먹으며, 그 외에 해면동물류, 산호류, 다모류, 두족류, 만각류, 완족류, 어류, 해조류 등도 먹는다.

Caretta caretta (Linnaeus, 1758)

Distribution Throughout the Korean Sea including Jeju Sea

Morphology and ecology

The length of the upper shell ranges 81-105 cm. Adults weigh between 65 and 135 kg, with a maximum weight of 160 kg. They have five vertebrals and a pair of five laterals, 12-13 marginals and three inframarginals. They have a distinctive pair of prefrontals with one interprefrontal. Each of the four feet has two externally exposed claws. Male claws are larger and more curved than female claws. When young, shallow lines of three keels present on the upper shell, but disappear later.

They live mainly in the tropical and temperate waters of the Pacific, Atlantic and Indian Oceans. They are the only species known to lay eggs in Korea. Almost all of the North Pacific population breed in southern Japan. Females lay approximately 100 eggs in 3-5 clutches over 2 weeks and the eggs hatch in 45-60 days. They reproduce every 2-3 years. The lifespan ranges from 70 to 80 years and maturation takes 17 to 23 years. There are typically multiple paternity in a clutch. Adults are herbivorous, but juveniles are omnivorous, foraging on jellyfish and algae. They are carnivorous, foraging on gastropods, bivalves and decapods. While migrating, they also forage for jellyfish, mollusks, fish eggs and squid.

형태

전면(2017년 4월, 아쿠아플라넷 여수)

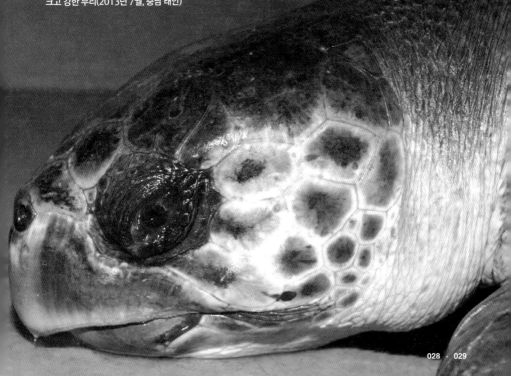

배면(2013년 7월, 충남 태안)

크고 강한 부리(2013년 7월, 충남 태안)

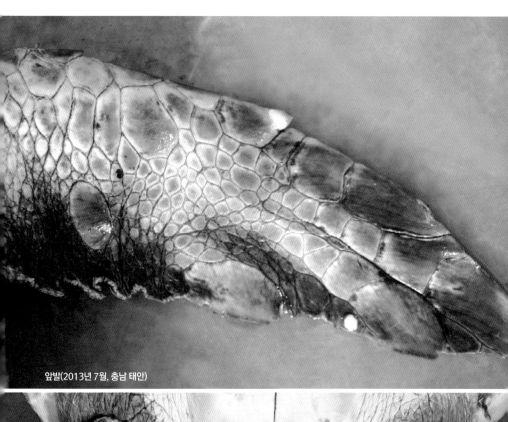

앞발(2013년 7월, 충남 태안)

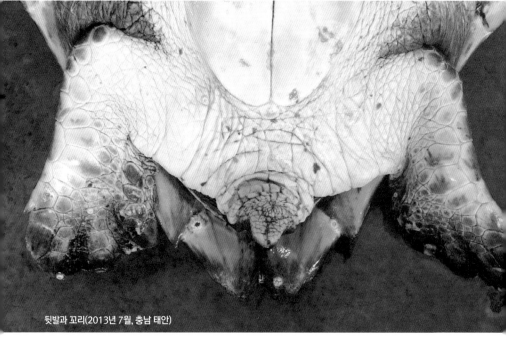

뒷발과 꼬리(2013년 7월, 충남 태안)

산란 기록이 있는 중문해수욕장(2021년 8월, 제주)

해변에서 산란 중(2016년 10월, 일본 가고시마현)

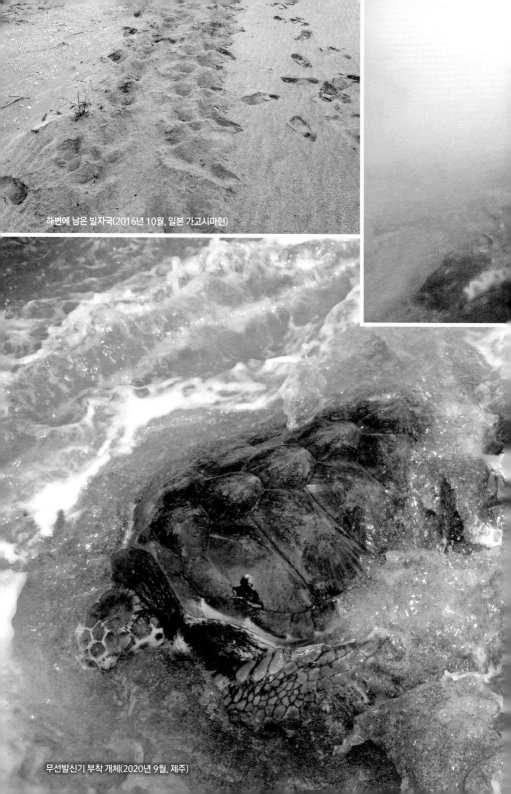

해변에 남은 발자국(2016년 10월, 일본 가고시마현)

무선발신기 부착 개체(2020년 9월, 제주)

물속에서 헤엄치는 어린 개체(2021년 9월, 제주)

해안으로 밀려온 사체
(2019년 6월, 경북 포항)

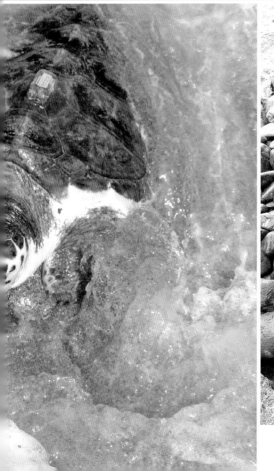

척삭동물문 > 파충강 > 거북목 > 바다거북과

매부리바다거북

학명 *Eretmochelys imbricata* (Linnaeus, 1766)
영명 Hawksbill turtle

분포 ┌ 국내 남해, 제주 해역
        └ 국외 태평양, 인도양, 대서양 등

법정관리현황 ┌ 국내 해양보호생물
              └ 국외 IUCN Red List 'CE' (Critically Endangered, 위급), CITES Appendices Ⅰ

생활사

| 1월 | 2월 | 3월 | 4월 | 5월 | 6월 | 7월 | 8월 | 9월 | 10월 | 11월 | 12월 | █ 활동기 ▓ 짝짓기 ▒ 산란기

형태

등갑 길이는 53~114cm이고 무게는 36~77kg이다(NOAA, 2022). 등갑은 심장 모양 또는 타원형이고 너비는 길이의 70~79%이다. 머리 크기는 다른 바다거북류와 비교할 때 중간 정도이고 등갑 길이의 21~33%이다. 체색은 회색부터 흑색까지 매우 다양하며 갑판 가장자리가 백색인 개체가 많다. 부리는 매의 부리처럼 좁고 뾰족하다. 앞이마판은 2쌍, 안후판은 3~4개이다. 추갑판은 5개, 늑갑판은 4쌍으로 푸른바다거북과 같지만 바다거북류 가운데 유일하게 앞쪽 갑판이 뒤쪽 갑판 위로 겹친다(Eckert et al., 1999). 등갑 가장자리에 있는 연갑판은 11쌍이고 둔갑판은 1쌍이며, 서계갑판은 4쌍이고 구멍이 없다. 어린 개체는 등갑에 용골이 3개 있으나 성체가 되면서 없어지고, 연갑판 가장자리는 날카롭지만 자라면서 점점 무뎌진다.

생태

주로 연안에 머물지만 종종 먹이를 찾아 먼 거리를 이동하기도 한다. 개체에 따라 차이가 있지만 보통 20~35년이면 성숙하며 수명은 50~60년이다. 지역에 따라 4~11월 사이에 번식한다. 암컷은 1~5년을 주기로 번식하며 한 해에 알 더미를 3~5개 만들며 한 번에 알을 130~160개 낳는다(NOAA, 2022). 알은 60일 정도면 부화하며 깨어난 새끼는 곧바로 바다로 이동한다. 잡식성으로 해면동물류나 산호류 같은 저서무척추동물을 주로 잡아먹는다. 한자로 대모(玳瑁)라 하며 등갑을 한약재, 장신구 등에 쓸 목적으로 무분별하게 포획하고 있어서 국제적으로 심각한 멸종위기에 처했다. 우리나라에서는 난류가 흐르는 남해와 제주 해역에서 매우 드물게 관찰되며, 2018년 최초로 인공 증식한 어린 개체들을 제주에서 방류한 일이 있다.

Eretmochelys imbricata (Linnaeus, 1766)

Distribution Rarely found in the Jeju and South Sea

Morphology and ecology

The length of the upper shell ranges 53-114 cm. The body weight of adults ranges 36-77 kg. The upper shell is oval-shaped and its colors vary from light gray to dark gray. They have a distinctively sharp beak like hawks, coined their English name. They have five vertebrals and a pair of four laterals, 11 marginals and four inframarginals. There are also a pair of supracaudals. They have a pair of prefrontals and 3-4 postorbitals. When young, shallow lines of three keels present on the upper shell but disappear later.

They live mainly in the tropical and temperate waters of the Pacific, Atlantic and Indian Oceans. Females lay 130-160 eggs in 3-5 clutches and the eggs hatch in approximately 60 days. They reproduce every 1 to 5 years. They breed between April and November. The lifespan ranges from 50 to 60 years and maturation takes 20 to 35 years. Adults are omnivorous, mainly foraging on benthic invertebrates such as sponges and coral. In Korea, artificial rearing began in 2018 and the hatchling reared into the wild.

형태

전측면(2017년 9월, 제주 ⓒ 임형묵)

전면(2017년 2월, 아쿠아플라넷 여수)

등면(2017년 1월, 아쿠아플라넷 여수)

배면(2017년 1월, 아쿠아플라넷 여수)

좁고 뾰족한 부리(2017년 1월, 아쿠아플라넷 여수)

갓 부화한 새끼
(2018년 11월 ⓒ 아쿠아플라넷 여수)

서로 겹치는 등면 갑판(2020년 8월 ⓒ 아쿠아플라넷 여수)

물속에서 헤엄치는 개체(2013년 4월, 강원 고성)

조수웅덩이에 갇힌 개체(2017년 9월, 제주 © 임형묵)

해변에서 산란(2017년 4월, 일본 츄라우미수족관)

인공 부화 중인 알(2021년 11월, 아쿠아플라넷 여수)

인공 부화로 태어난 새끼
(2020년 11월, 아쿠아플라넷 여수)

어린 개체(2019년 12월, 아쿠아플라넷 여수)

수조 바닥에서 휴식(2020년 8월 ⓒ 아쿠아플라넷 여수)

인공 부화 후 방사한 개체(2020년 8월, 제주)

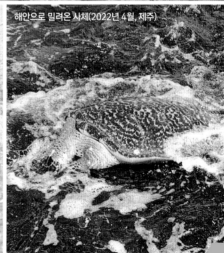

해안으로 밀려온 사체(2022년 4월, 제주)

척삭동물문 > 파충강 > 거북목 > 바다거북과

올리브바다거북

학명 *Lepidochelys olivacea* (Eschscholtz, 1829)
영명 Olive ridley sea turtle

분포 ─── 국내 동해, 제주 해역
　　　　└─ 국외 태평양, 인도양, 대서양 등

법정관리현황 ─── 국내 해양보호생물
　　　　　　　　└─ 국외 IUCN Red List 'Vu' (Vulnerable, 취약), CITES Appendices Ⅰ

생활사

| 1월 | 2월 | 3월 | 4월 | 5월 | 6월 | 7월 | 8월 | 9월 | 10월 | 11월 | 12월 |

활동기 ▨ 짝짓기 ▨ 산란기

분류

우리나라에서는 크기가 작아서 꼬마거북, 올리브리들리바다거북 등 다양한 국명으로 불렀으나, 최근 미기록종 발견 보고에서 올리브바다거북으로 명명했다(Kim *et al.*, 2019).

형태

등갑 길이는 51~75cm이고 무게는 33~43kg이다. 등갑은 거의 원형으로 위쪽이 평평하다. 등갑 너비는 길이의 90% 가량이다(Eckert *et al.*, 1999, Kim *et al.*, 2019). 체색은 대부분 녹갈색이며 종종 연회색도 있다. 머리는 앞쪽이 삼각형이며 등갑 길이의 22.4%이다. 앞이마판은 2쌍, 안후판은 4개이다. 추갑판은 5개 이상, 늑갑판은 5쌍 이상으로 개체마다 차이가 있다. 첫 번째 늑갑판은 정갑판과 만난다. 연갑판은 11쌍, 둔갑판은 1쌍이고, 서계갑판은 4쌍인데 뒤쪽에 작은 구멍이 하나씩 있어서 다른 속의 종과 구별된다. 네 발에는 발톱이 각각 1개 또는 2개 있다. 다른 바다거북류와 마찬가지로 암컷보다 수컷의 발톱이 크고 안쪽으로 휘었다. 갓 태어난 새끼는 물에 있을 때 흑색이며 측면이 녹색이지만 육지로 올라와 몸이 마르면 대개 회색으로 보인다.

생태

성체는 보통 연안에 머물지만 먼 바다로 나가 수심 300m까지 잠수하기도 한다. 수명은 알려지지 않았으며 보통 14년 정도면 성숙한다. 암컷은 1~3년 주기로 번식한다. 산란기 암컷은 1~3회에 거쳐 알 더미를 만들며 한 번에 알을 약 100개 낳는다. 낮에 수많은 암컷이 동시에 육상으로 올라와 산란하는 아리바다(arribada) 현상을 보이는데, 이는 올리브바다거북속에 속한 올리브바다거북, 캠프바다거북 2종만이 보이는 독특한 행동이다(NOAA, 2022). 우리나라에서는 2017년 강원도 양양, 경상북도 포항에서 처음 확인되었고, 이후 제주도와 부산에서 폐그물에 걸린 사례가 한 번씩 있었다(Kim *et al.*, 2019). 잡식성으로 해조류와 갑각류, 멍게 같은 무척추동물을 잡아먹는다. 전 세계적으로 가장 개체 수가 많은 바다거북이지만 지역에 따라 합법 또는 불법 포획이 빈번하고 어업과 관련한 혼획 비율이 높아 매년 수천 마리가 폐사하는 것으로 알려졌다(Abreu-Grobois and Plotkin, 2008).

Lepidochelys olivacea (Eschscholtz, 1829)

Distribution Rarely found in the Jeju and East Sea

Morphology and ecology

The length of the upper shell ranges 51-75 cm. The body weight of adults ranges 33-43 kg. The upper shell is circular and the top of the shell is approximately flat. Its colors vary from olive to cream or light gray. They have more than five vertebrals and a pair of more than five laterals, 11 marginals and four inframarginals. There is a small hole at the margin of each inframarginal scute. They have a pair of prefrontals and four postorbitals. On each of the four feet, one or two claws are visible from the outside. Male claws are larger and more curved than female claws.

Adults prefer shallow waters and rarely travel across the ocean to rest, but they can dive up to 300 meters. Females lay approximately 100 eggs in 1-3 clutches. They reproduce every 1-3 years. Thousands of turtles gather at the same time at their nesting site, called the Arribada phenomenon. To be mature, it takes approximately 14 years. Adults are omnivorous, mainly foraging on algae, lobster, crab, sea urchin and mollusks.

형태

전측면(2019년 11월, 아쿠아플라넷 제주)

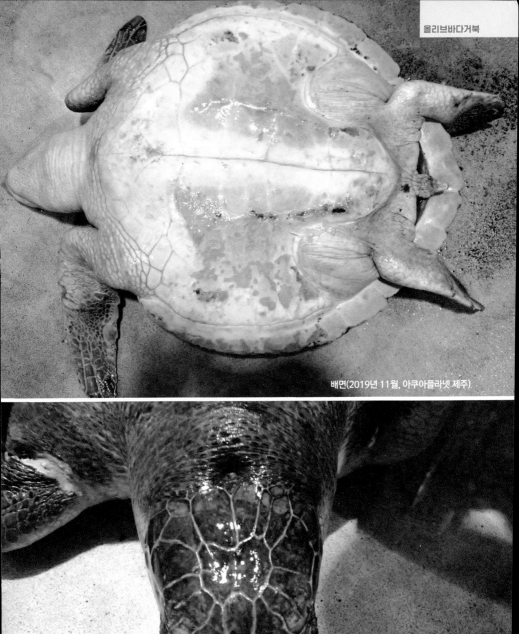

배면(2019년 11월, 아쿠아플라넷 제주)

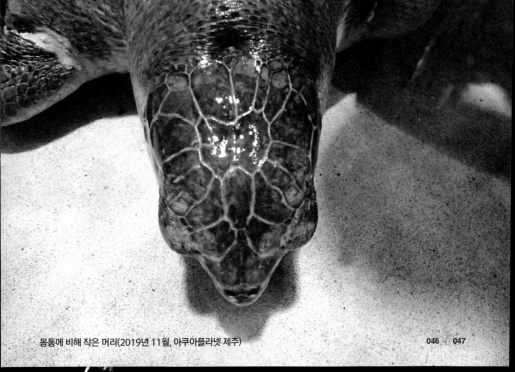

몸통에 비해 작은 머리(2019년 11월, 아쿠아플라넷 제주)

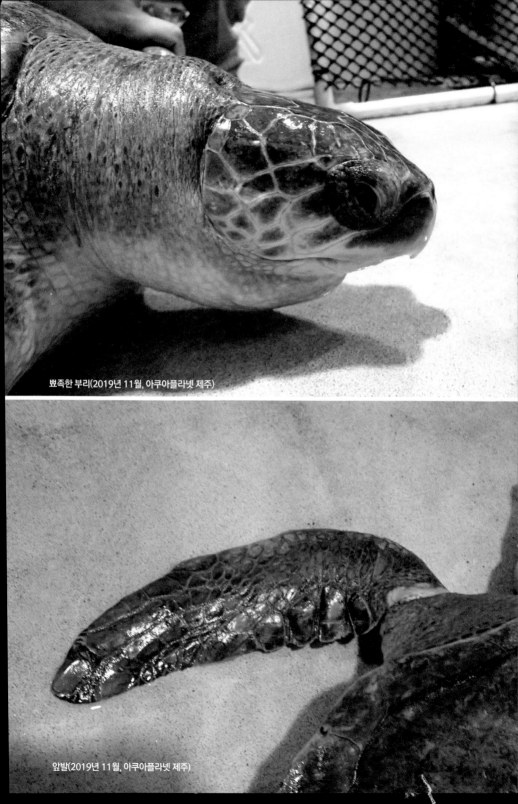

뽀족한 부리(2019년 11월, 아쿠아플라넷 제주)

앞발(2019년 11월, 아쿠아플라넷 제주)

뒷발(2019년 11월, 아쿠아플라넷 제주)

작은 구멍이 있는 서계갑판(2019년 11월, 아쿠아플라넷 제주)

척삭동물문 > 파충강 > 거북목 > 장수거북과

장수거북

학명 *Dermochelys coriacea* (Vandelli, 1761)
영명 Leatherback sea turtle

분포
- 국내 동해, 남해
- 국외 전 해양, 아북극에서 열대까지

법정관리현황
- 국내 해양보호생물, 포획·채취 등의 금지 야생생물
- 국외 IUCN Red List 'Vu' (Vulnerable, 취약), CITES Appendices Ⅰ

생활사

| 1월 | 2월 | 3월 | 4월 | 5월 | 6월 | 7월 | 8월 | 9월 | 10월 | 11월 | 12월 |

■ 활동기　■ 짝짓기　■ 산란기

형태

바다거북류 가운데 가장 큰 종이다. 등갑 길이는 대개 150~180cm이나 등갑 길이 217cm, 무게가 900kg인 개체가 발견된 적도 있다(Eckert *et al.*, 1999, Gomez and Miclat, 2001). 머리 길이는 등갑 길이의 17~22.3%로 작은 편이다. 체형은 둥글고 몸은 갑판과 비늘 없이 가죽으로 덮여 있다. 부리는 다른 바다거북류에 비해 무른 편이고 가장자리가 날카로우며, 앞턱 끝에 뾰족한 돌기(cusps)가 2개 있다. 입 안과 목구멍은 뒤쪽을 향하는 가시 같은 돌기들로 덮여 있다. 용골은 등갑에 7개, 복갑에 5개 있다. 등갑의 용골은 뒤쪽으로 가면서 하나로 합쳐져 꼬리 위쪽에서 끝난다. 용골을 따라 흩어진 백색 반점이 있으며, 측면으로 갈수록 많아진다. 앞발은 등갑 길이의 1/2 이상으로 길고 발톱은 없다. 수컷은 암컷에 비해 꼬리가 길며, 암컷은 정수리 부분이 분홍색이다.

생태

다른 바다거북류에 비해 성장이 빠르다. 9~20년 사이에 성숙하며 수명은 45~50년이다. 암컷은 주로 열대 및 아열대 지역 해변에서 2~4년 주기로 대부분 4~11월에 번식한다. 암컷은 8~12일 간격으로 여러 번에 나눠 산란하며 한 번에 알을 약 100개 낳는다. 알은 60일 정도면 부화한다(NOAA, 2022). 먹이의 90% 이상이 해파리일 정도로 해파리를 선호한다. 먹이활동, 포식자 회피 및 체온 조절 등을 목적으로 수심 1,200m 이상 심해까지 잠수해 최대 85분까지 머물 수 있다(Robinson *et al.*, 2015). 주로 열대, 아열대, 온대 해역에 서식하나 매우 드물게 극지 근처 바다에서도 관찰된다. 서식 면적이 가장 넓은 파충류 중 하나로 우리나라에서 관찰되는 장수거북은 전 세계 7개 무리 가운데 서태평양무리에 속한다. 세계적으로 지난 3세대 동안 전체 개체군의 약 40.1%가 감소한 것으로 평가되었으나, 최근 적극적인 보호조치 이후 개체 수가 다소 회복하고 있다. IUCN에서는 장수거북을 취약종으로 분류한다(Wallace *et al.*, 2013). 우리나라에서는 1930년대 최초 발견 이후 인천광역시, 전라남도, 경상북도, 강원도 등 전 해역에서 기록되었으나 지금까지 누적 10건 미만으로 적다(김 등, 2017).

Dermochelys coriacea (Vandelli, 1761)

Distribution Rarely found in the East and South Sea

Morphology and ecology

The upper shell is 150-180 cm long, with a maximum length of 217 cm. Adults weigh up to 900 kg. This turtle has tough skin instead of scutes. There are seven keel lines dorsally and five keel lines ventrally. They do not have claws on the feet. The tail of male turtles is longer than that of female turtles. They distinctively have two sharp cusps on the front edge of the upper jaw.

It is distributed in tropical or subtropical waters and in temperate waters. It is the most widely distributed reptile worldwide. Adults can submerge under 1,200m depth over 85 minutes. Females lay approximately 100 eggs at 8-12 day intervals in several clutches. They reproduce every 2-4 years. Eggs hatch in two months. The lifespan ranges 45-50 years and maturation takes 9-20 years. More than 90% food items are jellyfish. In Korea, less than 10 observations have been reported since the 1930s.

형태

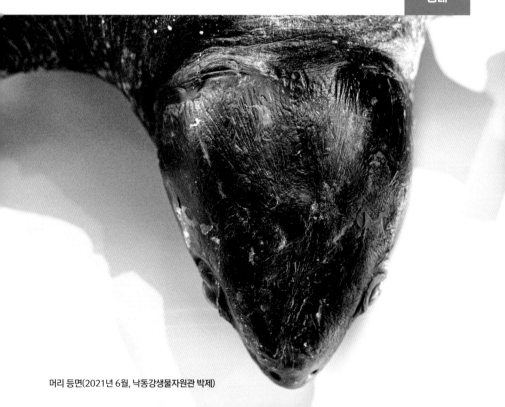

머리 등면(2021년 6월, 낙동강생물자원관 박제)

머리 측면(2021년 6월, 낙동강생물자원관 박제)

앞발(2021년 6월, 낙동강생물자원관 박제)

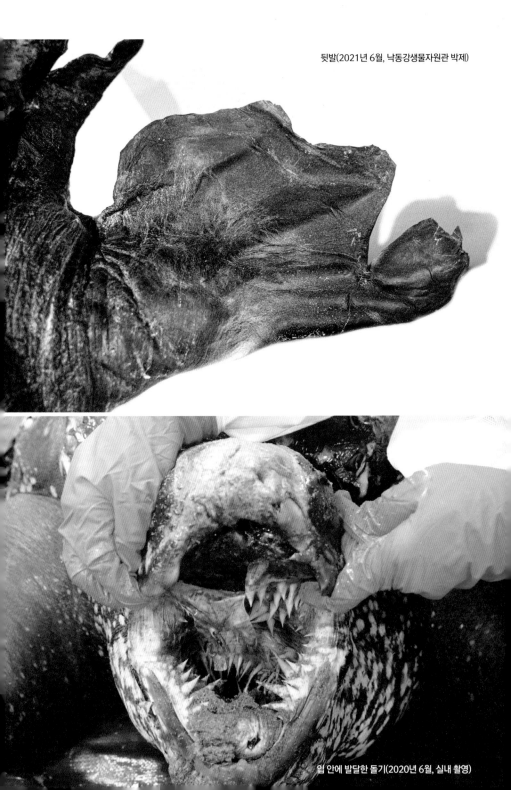

뒷발(2021년 6월, 낙동강생물자원관 박제)

입 안에 발달한 돌기(2020년 6월, 실내 촬영)

어망에 걸린 사체
(2011년 9월, 전남 여수 ⓒ 문대연)

해수욕장에서 발견된 사체(2012년 5월, 경남 거제 ⓒ 문대연)

해안에서 발견된 사체(2021년 10월, 강원 삼척)

해안에서 발견된 사체(2021년 5월, 경북 경주 ⓒ 문대연)

척삭동물문 > 파충강 > 거북목 > 자라과

자라

학명 *Pelodiscus maackii* (Brandt, 1858)

영명 Amur soft-shelled turtle

분포 ─┬─ 국내 전국
　　　　└─ 국외 러시아, 중국, 일본, 베트남

법정관리현황 ─┬─ 국내 포획·채취 등의 금지 야생생물
　　　　　　　　└─ 국외 CITES Appendices Ⅱ

생활사

| 1월 | 2월 | 3월 | 4월 | 5월 | 6월 | 7월 | 8월 | 9월 | 10월 | 11월 | 12월 |

활동기　짝짓기　산란기　동면기

분류

자라류에 대한 서식 현황과 분류학적 연구 결과에 따르면 과거부터 우리나라에서 자생한 자라(*Pelodiscus maackii*)와 1970년대 해외에서 도입한 중국자라(*P. sinensis*) 2종이 서식하는 것으로 알려졌다(Chang et al., 2012).

형태

등갑 길이는 35cm 이상으로 자라속 종들 가운데 가장 크다(Farkas et al., 2019). 등갑은 암갈색, 황록색, 황갈색이며 중앙 부분은 단단하고 가장자리는 말랑하다. 등갑은 다른 거북류와 비교해 낮고 전체적으로 납작하다. 머리와 목에 뚜렷한 황색 반점이 산재하고 복갑은 특별한 무늬 없이 백색 또는 황색이다(Chang et al., 2012). 토종 자라는 중국자라에 비해서 등갑 길이가 길다. 어린 개체는 머리와 다리를 모두 등갑 안으로 넣을 수 있지만 성체는 머리와 다리 일부만 넣을 수 있다. 주둥이부터 눈을 지나 목덜미까지 또는 눈을 중심으로 세 방향으로 뻗은 가느다란 흑색 줄무늬가 있다. 부리는 겉으로 드러나지 않고 가죽으로 덮여 있으며, 코는 관 모양으로 길다. 수컷 꼬리는 암컷보다 굵고 길어서 등갑 바깥으로 나오지만 암컷은 꼬리가 짧아 대부분 등갑 밖으로 나오지 않는다. 암컷이 수컷보다 더 크다. 네 발에 모두 물갈퀴가 잘 발달했다. 토종 자라는 중국자라와 비교해 등갑이 매끄럽고 반투명한 황색 반점이 많으며, 복갑이 황색이고 목과 앞발에 황색 반점이 있어 두 종을 구별할 수 있다(국립생물자원관, 2011).

생태

내륙의 강, 하천, 호수, 저수지 등에서 서식한다. 최근 제주도에서도 몇 개체가 관찰되었다(이, 2012). 잡식성으로 수초를 비롯해 새우, 게와 같은 갑각류, 양서류, 어류 등을 잡아먹는다. 매년 4월이면 동면에서 깨어나며 곧바로 짝짓기한다. 암컷은 6~8월에 하천 주변 모래톱, 제방, 논과 밭 주변 초지로 올라와 3~5회에 걸쳐 알을 10~40개 낳는다(Goris and Maeda, 2005). 알은 백색이고 탁구공처럼 둥글며 50~90일이면 부화한다. 갓 부화한 새끼는 등갑 길이 2~3cm, 무게 3~4g이다(Lee and Park, 2011).

Pelodiscus maackii (Brandt, 1858)

Distribution Widely distributed throughout the Korean Peninsula

Morphology and ecology

Adults' soft upper shell can be up to 35 cm long. The upper shell is flat and its color is light brown, yellowish green, or yellowish brown. There are tiny yellow dots on the head and neck. The color of the lower shell is light yellow. Juveniles can completely fold their heads and front limbs into the shell, but adults cannot. They have a hidden beak that is covered by muscle, as well as an elongated, long nose. Males have a longer and wider tail than females, so it extends over the edge of the upper shell, unlike in females. They have well-developed webs on all four feet.

They are observed in rivers, streams, lakes and reservoirs throughout the country, including Jeju Island. They are omnivorous, foraging on crustaceans such as freshwater shrimp and crab, fish, amphibians and various water plants. They become active in April and mate in April. Females lay 10-40 eggs in 3-5 clutches between June and August at sandbank near rivers and stream, grassland, or crop field. White eggs are circular and hatch in 50-90 days. The length of the upper shell of hatchling is 2-3 cm and its weight 3-4 g.

형태

등면(2006년 6월, 실내 촬영)

머리와 목덜미에 있는 황색 반점(2006년 6월, 실내 촬영)

물갈퀴와 발톱(2006년 6월, 실내 촬영)

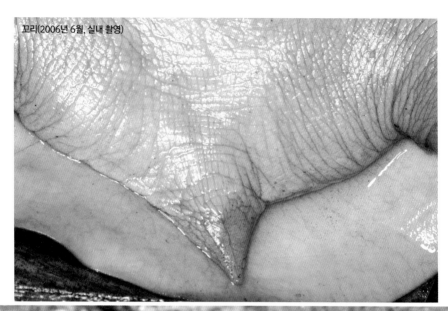

꼬리(2006년 6월, 실내 촬영)

갓 부화한 새끼(2014년 6월, 강원 영월)

물속에서 이동(2012년 4월, 경기 과천)

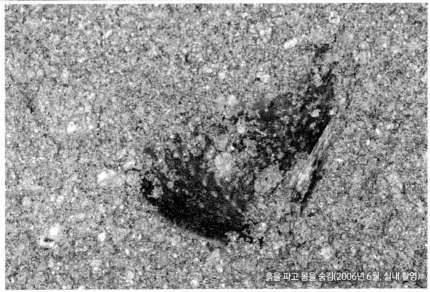

흙을 파고 몸을 숨김(2006년 6월, 실내 촬영)

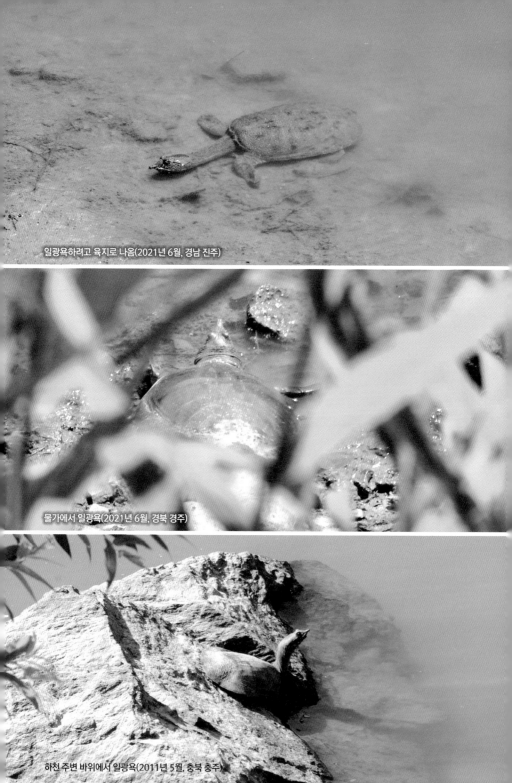

일광욕하려고 육지로 나옴(2021년 6월, 경남 진주)

물가에서 일광욕(2021년 6월, 경북 경주)

하천 주변 바위에서 일광욕(2011년 5월, 충북 충주)

하천 가운데 바위에서 일광욕(2013년 6월, 충북 충주)

여러 마리가 무리 지어 일광욕(2013년 6월, 충북 충주)

평지 주변 하천(2017년 6월, 경기 수원)

산지 주변 하천(2014년 6월, 강원 영월)

도시 주변 하천(2011년 5월, 충북 충주)

저수지 또는 호수(2021년 6월, 경남 진주)

척삭동물문 > 파충강 > 거북목 > 자라과

중국자라

학명 *Pelodiscus sinensis* (Wiegmann, 1834)
영명 Chinese soft-shelled turtle

분포 ── ┌ 국내 전국
             └ 국외 중국, 대만, 일본, 말레이시아, 인도네시아, 필리핀, 미국(하와이), 독일 등

법정관리현황 ── ┌ 국내 해당사항 없음
                       └ 국외 IUCN Red List 'Vu' (Vulnerable, 취약)

생활사

| 1월 | 2월 | 3월 | 4월 | 5월 | 6월 | 7월 | 8월 | 9월 | 10월 | 11월 | 12월 |

활동기 ▮ 짝짓기 ▮ 산란기 ▮ 동면기

분류

최근 연구에서 유전적으로 중국자라(*Pelodiscus sinensis*)와 자라(*P. maackii*)는 별개 종으로 확인되었다. 중국자라는 중국 남부, 마카오 지역에 서식하고 자라는 아무르강, 극동 러시아, 중국 동북부 및 한반도에 서식하는 것으로 알려졌다(Jung *et al.*, 2006, Stuckas and Fritz, 2011). 중국자라는 약용, 식용, 방류 목적으로 우리나라에 도입된 뒤에 확산한 것으로 추정한다.

형태

등갑 길이는 11~25cm이며 녹갈색, 녹황색 등으로 빛깔이 다양하고 부드러운 가죽으로 덮여 있다. 가운데는 딱딱하지만 가장자리는 말랑하다. 등갑 전체에 매우 작고 불규칙한 흑색 반점이 산재한다. 복갑은 백색 또는 황백색이며 특별한 무늬가 없는 개체도 있고 작고 희미한 원형 흑색 또는 회색 반문이 있는 개체도 있다(Farkas *et al.*, 2019). 머리와 목을 등갑 속으로 완전히 넣을 수 있다. 주둥이 끝에 있는 코는 관 모양으로 가늘고 길다. 보통 몸은 물속에 둔 채 코끝만 수면 위로 내밀어 숨을 쉰다. 부리는 겉으로 드러나지 않고 가죽으로 덮여 있다. 목과 앞발에 황색 점이 없다. 네 발은 크고 짧으며 발가락 사이에 물갈퀴가 있다. 수컷은 암컷에 비해 꼬리가 두껍고 길어서 쉽게 구별할 수 있다.

생태

하천, 강, 호수, 저수지 등에서 주로 서식한다. 대부분 혼자 지내지만 일광욕할 때나 번식기에는 무리를 짓기도 한다. 주로 낮에 활동하며 위협을 느끼면 상대방을 물기도 한다. 산란 시기 외에는 거의 물 밖으로 나오지 않으며 물속에서 행동이 민첩해 물고기도 잘 잡아먹는다. 11월부터 이듬해 3월까지 동면하며 4월에 동면에서 깨어나 5~7월에 물가 주변 제방이나 모래톱 등에 구멍을 파고 산란한다. 암컷은 1년에 2~3회 산란하며 한 번에 알을 15~28개 낳는다(Bonin *et al.*, 2006). 육식성으로 갑각류, 패류, 곤충류, 양서류, 어류 등을 잡아먹는다. 과거에는 중국자라와 자라를 같은 종으로 여겼기에 동남아시아나 중국으로부터 많은 수를 수입했는데, 그들이 자연으로 퍼져 나가면서 전국에서 많은 수가 관찰된다. 지금은 형태학적, 유전학적 연구를 통해 중국자라와 자라를 서로 다른 종으로 분류한다.

Pelodiscus sinensis (Wiegmann, 1834)

Distribution Widely distributed throughout the Korean Peninsula

Morphology and ecology

Adults' soft upper shells range in length 11-25 cm. The upper shell is flat and its color is olive or bluish gray. The upper shell is relatively small, with irregular small black spots. Unlike *P. maackii*, there are no tiny yellow dots on the head and neck. The color of the lower shell is white or light pinkish white. They can fold their head and front limbs into the shell. They have a distinctively long, elongated nose, like a tube. Males have a longer and wider tail than females. They have well-developed webs on all four feet.

They are observed in rivers, streams, lakes and reservoirs throughout the country. They are carnivorous, foraging on crustaceans, insects, fish and amphibians. Females lay 15-28 eggs in several clutches between May and July. They hibernate between November and March.

형태

전측면(2011년 7월, 제주)

등갑(2011년 7월, 제주)

복갑(2011년 7월, 제주)

산란하려고 육지로 올라옴(2008년 7월, 전북 완주 ⓒ 김현)

땅을 파고 산란(2008년 7월, 전북 완주 ⓒ 김현)

알(2008년 7월, 전북 완주 ⓒ 김현)

굴 이동(2011년 7월, 제주)

눈을 내밀고 주변을 살핌(2011년 7월, 제주)

척삭동물문 > 파충강 > 거북목 > 남생이과

남생이
학명 *Mauremys reevesii* (Gray, 1931)
영명 Reeves' turtle

분포
국내 전국(제주도 제외)
국외 중국, 일본, 대만

법정관리현황
국내 멸종위기 야생생물 Ⅱ급, 천연기념물
국외 IUCN Red List 'EN' (Endangered, 위기), CITES Appendices Ⅲ

생활사

| 1월 | 2월 | 3월 | 4월 | 5월 | 6월 | 7월 | 8월 | 9월 | 10월 | 11월 | 12월 |

활동기　　짝짓기　　산란기　　동면기

분류

2004년 아시아를 포함한 유라시아에 서식하는 민물거북에 대한 계통분류 연구 결과 남생이 속명이 기존 *Chinemys*에서 *Mauremys*로 변경되었다. 해당 연구는 전 세계에 서식하는 *Mauremys*의 9종을 대상으로 mtDNA에 위치한 *CO1*, *ND4*, *tRNA*(일부) 염기서열을 비교했으며, 이들이 밀접한 분류학적 관계가 있음을 확인했다. 하지만 아시아에 서식하는 종들과 서양(미국, 유럽 등)에 서식하는 종들 간의 분류학적 연관성은 뚜렷하게 확인하지 못했다(Feldman and Parham, 2004).

형태

등갑 길이는 25~45cm이며, 흑색, 흑갈색, 암갈색 또는 황갈색이고, 여러 개 갑판으로 나뉜다. 등갑 중앙과 양쪽 등면에 뚜렷한 용골이 3개 있고 가장자리는 둥글다. 머리와 다리를 등갑 안으로 완전히 넣을 수 있다. 복갑 역시 여러 개 갑판으로 나뉘며 대부분 흑색, 흑갈색, 황갈색이다. 머리 윗면은 대부분 암록색, 녹회색 또는 흑색이며 특별한 무늬가 없다. 머리 측면에는 눈 뒤에서부터 목덜미까지 담녹색 줄무늬가 여러 개 있다. 수컷의 복갑은 다소 오목하고 성장하면서 검은색으로 변한다. 암컷이 수컷보다 크며 수컷의 꼬리가 암컷 꼬리에 비해 굵고 길다. 등갑에 용골이 3줄이 있어서 용골이 없는 자라, 용골이 1줄인 붉은귀거북, 노란배거북 등과 쉽게 구별된다. 알 길이는 3.5~4cm, 폭은 2~2.5cm, 무게는 7~10g이다(이, 2003). 갓 부화한 새끼의 등갑 길이는 3~3.5cm, 무게는 5~7g이다(Modoki, 1987).

생태

제주도를 제외한 전국에 분포하지만 개체 수가 매우 적다. 하천과 호수 등에 서식하는데 대부분 고여 있는 물을 선호한다. 잡식성으로 해캄 같은 수초를 비롯해 수면에 떨어진 곤충, 다슬기, 우렁이와 같은 복족류, 갑각류, 어류의 사체 등을 먹는다(이, 2010). 4월부터 활동하기 시작하고 11월부터 연못, 저수지, 습지와 같은 물속이나 제방, 묵정밭 같은 땅속에서 동면한다(Bu *et al.*, 2020). 동면을 앞두고 10월부터 11월 사이에 짝짓기하며, 이 시기에 수컷은 암컷의 총배설강에서 나는 냄새를 맡고 물거나 계속 따라다니는 구애행동을 한다(구 등, 2015). 암컷은 6월부터 7월까지 서식하던 하천이나 저수지 근처 제방, 논둑, 밭둑 같은 곳에 5~7cm로 얕은 구멍을 파고 보통 2~3회, 최대 5회에 걸쳐 산란하며 한 번에 알을 4~10개씩 낳는다(송 등, 2012). 갓 부화한 새끼는 땅속 둥지에서 그대로 동면하고 이듬해 봄에 나오지만 일찍 부화한 개체들은 그해에 곧바로 나오기도 한다. 저수지에 서식하는 개체는 행동권이 1.6~6.1ha, 하천에 서식하는 개체는 행동권이 7.6~59.8ha이다(송 등, 2012).

Mauremys reevesii (Gray, 1831)

Distribution Widely distributed throughout the Korean Peninsula except Jeju Island

Morphology and ecology

The length of the upper shell ranges 25-45 cm. The upper shell is black, blackish brown, or yellowish brown and its edges are round. Three distinctive keel lines are present on the upper shell. The head and front limbs can be folded into the shell. The lower shell is black, blackish brown, or yellowish brown. The top of the head is light green, greenish gray, or black. No spots or stripes are present on the head. On the side of the head, bright yellow stripes extend from the back of the eye to the nape. The tail of males is longer and thicker than that of females. The rear edge of the lower shell of males is lightly concaved. The length of eggs is 3.5-4 cm, the width 2-2.5 cm and the weight 7-10 g. The upper shells of hatchlings range in length from 3-3.5 cm and weight from 5-7 g.

With the exception of Jeju Island, it is found throughout the country, though they are extremely rare in the field. They prefer still-water bodies as habitat, including rivers, lakes, reservoirs and ponds. They are omnivorous and their diets include aquatic plants, algae, insects, gastropoda such as freshwater snail, crustacean and fish. They are active from April until they begin to hibernate in ponds, reservoirs and wetland water bodies, or under the ground of an embankment or deserted dry field. Females lay 4-10 eggs over 2-3 clutches at a depth of 5-7 cm underground. Hatchlings are active in late autumn or the next spring. The home range of the turtles is 1.6-6.1 ha in the reservoir and 7.6-59.8 ha in the river.

형태

측면(2007년 7월, 강원 춘천)

등갑에 용골이 3줄인 개체(2010년 5월, 강원 춘천)

복갑이 흑색인 개체(2010년 5월, 강원 춘천)

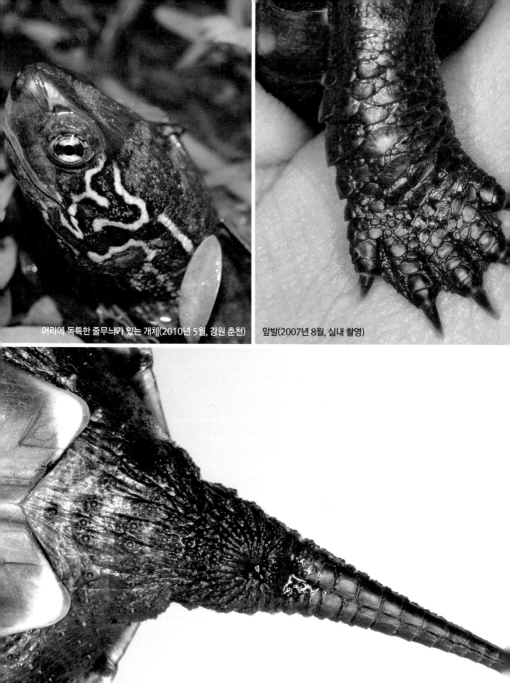

머리에 독특한 줄무늬가 있는 개체(2010년 5월, 강원 춘천)

앞발(2007년 8월, 실내 촬영)

꼬리(2007년 8월, 실내 촬영)

어린 개체의 등갑(2015년 7월, 실내 촬영)

어린 개체의 복갑(2015년 7월, 실내 촬영)

갓 부화한 새끼(2020년 9월, 실내 촬영)

알(2020년 9월, 실내 촬영)

개체변이(2020년 10월, 실내 촬영)

개체변이(2012년 4월, 서울)

개체변이(2014년 6월, 강원 영월)

개체변이(2020년 10월, 실내 촬영)

개체변이(2020년 10월, 실내 촬영)

나뭇가지에서 일광욕(2022년 5월, 경남 진주)

바위 위에서 일광욕(2022년 5월, 경남 진주)

통나무 위에서 일광욕(2014년 8월, 전남 구례)

버드나무 위에서 일광욕(2019년 5월, 경북 경주)

저수지 상류로 물길을 따라 이동하는 개체(2021년 6월, 경남 진주)

산란을 준비하는 개체(2014년 6월, 강원 영월)

붉은귀거북과 섞여 일광욕(2022년 5월, 경남 진주)

내륙 산림 주변 저수지(2014년 8월, 전남 구례)

농경지 주변 저수지(2021년 6월, 경남 산청)

하천 주변 물웅덩이(2022년 10월, 경남 합천)

도심지 주변 생태공원(2021년 6월, 경남 진주)

계곡 또는 하천(2021년 6월, 경남 합천)

척삭동물문 〉 파충강 〉 거북목 〉 늪거북과

붉은귀거북

학명 *Trachemys scripta elegans* (Wied, 1838)
영명 Red-eared slider

분포 ─┌ 국내 전국
　　　└ 국외 전 세계

법정관리현황 ─┌ 국내 생태계교란 생물
　　　　　　　└ 국외 IUCN Red List 'LC' (Least Concern, 최소관심)

생활사

| 1월 | 2월 | 3월 | 4월 | 5월 | 6월 | 7월 | 8월 | 9월 | 10월 | 11월 | 12월 |

활동기　산란기　동면기

형태

등갑 길이는 20~30cm이며 암갈색, 암녹색, 흑록색이고 여러 개 갑판으로 나뉜다. 어린 개체는 등갑 중앙에 융골이 1개 있지만 자라면서 차츰 없어진다. 머리와 다리를 등갑 안으로 완전히 넣을 수 있다. 복갑은 담황색, 회갈색 또는 황적색이고 가장자리를 따라 흑록색 또는 흑색 원형 반점이 있다. 복갑 전체에 흑색 반점 또는 반문이 산재한다. 머리는 암녹색이나 녹회색이고 윗면에는 담녹색 가는 줄무늬가 있으며 측면과 턱 아래에는 굵은 줄무늬가 여러 개 있다. 머리 측면 눈 뒤에서부터 머리 뒷부분까지 적색 또는 황적색 반문이 뚜렷하다. 주둥이는 짧고 부리는 단단하다. 수컷은 암컷에 비해 앞발의 발톱이 2배 이상 길고 꼬리도 더 굵고 길다. 대체로 암컷이 수컷보다 크다. 네 발 모두 물갈퀴가 잘 발달했다.

생태

강, 하천, 호수, 연못, 공원, 습지에서 비교적 쉽게 관찰된다. 잡식성으로 수초, 수면에 떨어진 곤충, 연체류, 갑각류, 다슬기와 같은 복족류, 어류까지 매우 다양한 것을 먹는다. 어려서는 육식성이 강하지만 나이가 들수록 초식성으로 변한다(이와 박, 2011). 4월부터 활동하기 시작하며 암컷은 4월부터 6월까지 2~3회에 걸쳐 알을 2~25개 낳고 10월이면 동면한다(Goris and Maeda, 2005). 북아메리카 미시시피강 유역이 원서식지로 우리나라에는 '청거북'이라는 이름으로 1970년 후반부터 애완용, 방생용으로 다수가 도입되었다. 먹이에 대한 집착이 강하고 번식력도 좋아 마땅한 천적이 없는 우리나라의 토착 수생태계에 부정적인 영향을 미치고 있다. 현재 생태계교란 생물로 지정되어 있다.

Trachemys scripta elegans (Wied, 1838)

Distribution Widely distributed throughout the Korean Peninsula

Morphology and ecology

The length of the upper shell ranges 20-30 cm. The upper shell is light brown, light green, or blackish green. They have one keel line on the upper shell when young, but it disappears later. The head and limbs can be folded into the shell. The lower shell is light yellow, gray-brown, or yellowish red and black spots are present. Blackish green or black spots are present along the edges of the lower shell. The top of the head is light green or greenish gray. Thin light green strips are present on the head and on the neck. On the side of the head, distinct thick yellowish-red stripes are present from the back of the eye to the end of the head. The tail of males is longer and thicker than that of females. Males have twice as long claws as females. Both the front and rear feet have well-developed webs.

It is easily observed in rivers, streams, lakes, agricultural and park ponds and wetland areas. They are omnivorous and their diets include aquatic plants, algae, insects such as moths and dragonflies, gastropoda such as freshwater snail, crustacean and fish. When young, they are carnivorous, but later shift to more herbivorous diets. They are active from April to October, lay 2-25 eggs over 2-3 clutches per year and begin to hibernate in late October. They are invasive species and designated as an "ecosystem disturbance species" in the Republic of Korea.

형태

측면(2009년 8월, 경북 군위)

머리에 뚜렷한 적색 반문(2012년 4월, 경기 과천)

등갑(2017년 9월, 경기 수원)

복갑(2017년 9월, 경기 수원)

갓 부화한 새끼(2022년 5월, 경남 진주)

어린 개체(2007년 8월, 실내 촬영)

앞발에 긴 발톱이 있는 수컷(2015년 7월, 실내 촬영)

바위 위에서 일광욕(2009년 8월, 경북 김천)

연잎 위에서 일광욕(2021년 6월, 경남 진주)

분수대 위에서 일광욕(2011년 5월, 경북 김천)

부표 위에서 일광욕(2022년 5월, 경남 진주)

수초 잔해에서 일광욕(2022년 3월, 대구 수성)

바위 위에서 일광욕(2021년 9월, 제주)

통나무 위에서 일광욕(2022년 5월, 경남 진주)

물속에서 휴식(2017년 6월, 경기 수원)

서식지

농경지 주변 저수지(2014년 4월, 전남 나주)

산지 주변 저수지(2013년 5월, 충남 아산)

하천 상류(2014년 6월, 경남 합천)

하천 중·하류(2019년 5월, 경북 안동)

도심 주변 생태하천(2017년 6월, 경기 성남)

도심 주변 생태공원(2021년 9월, 제주)

척삭동물문 > 파충강 > 유린목 > 도마뱀부치과

도마뱀부치

학명 *Gekko japonicus* (Schlegel, 1836)

영명 Schlegel's japanese gecko

분포 ──┌ **국내** 부산광역시, 전라남도(목포), 경상남도(창원, 김해)
　　　　　 └ **국외** 중국, 일본

법정관리현황 ──┌ **국내** 수출·수입 등 허가대상인 야생생물
　　　　　　　　　 └ **국외** IUCN Red List 'LC' (Least Concern, 최소관심)

생활사

| 1월 | 2월 | 3월 | 4월 | 5월 | 6월 | 7월 | 8월 | 9월 | 10월 | 11월 | 12월 |

　활동기　　짝짓기　　산란기　　동면기

형태

전체 길이는 10~14cm이다. 개체에 따라 체색변이가 다양하다. 등면은 황갈색, 흑갈색 또는 담회색이고 가장자리는 암갈색 또는 적갈색이며 안쪽은 담황색인 반문이 척추를 따라 꼬리까지 규칙적으로 이어진다. 다른 도마뱀류에 비해 체색의 명암을 쉽게 바꿀 수 있어 어두운 곳에 있으면 반문 없이 담회색만 나타나기도 한다. 배면은 보통 황백색 또는 회백색이며 특별한 무늬가 없다. 머리는 몸통에 비해 작고 동공은 세로형이다. 혓바닥 끝이 둘로 갈라지지 않는다. 모든 비늘은 작은 알갱이 형태이다. 발에 흡반과 발톱이 있어 건물의 벽면이나 천장을 자유롭게 이동할 수 있다. 흡반은 여러 줄로 되어 있으며 가운데가 둘로 갈라지지 않는다. 꼬리는 몸통 길이와 거의 같거나 짧다. 총배설강 양쪽 측면에 돌기가 2~3쌍 있다. 성숙한 수컷의 항문 앞쪽에는 전항부인공이 5~6개 있다. 알의 길이는 13mm, 폭은 9mm, 무게는 1.2g이다(Zhang et al., 2009). 위협을 느끼면 꼬리를 스스로 자른다.

생태

해안가 도시의 구시가지, 주택가 등에 주로 서식한다. 야행성으로 낮에는 건물, 축대, 담장 같은 곳의 틈새와 구멍 속에 숨어 있다가 밤에 나와 인가의 불빛과 가로등 주변에 몰려든 곤충을 잡아먹는다. 암컷은 6월부터 7월까지 건물 천장과 벽 사이의 작은 틈 사이에 알을 2~3개 붙여 낳는다. 알은 다른 파충류의 알과 달리 건조한 환경을 잘 견디며 40~90일이면 부화한다(Uchiyama et al., 2002). 온도에 따라 성별이 결정되는데 부화 기간 동안 32℃ 정도 고온이나 24℃ 정도 저온에서는 암컷으로 부화하고 중간 온도인 28℃ 정도에서는 수컷으로 부화한다(Goris and Maeda, 2005). 도마뱀부치는 일일 평균 7~10m를 이동하며 행동권은 번식기인 6~7월에 170㎡, 비번식기인 10월에 31㎡, 개체군 전체가 2,057㎡로 매우 좁다(박, 2019). 한국, 중국, 일본에 서식하는 개체들의 형태변이를 분석한 결과 최소 2개 이상의 기원 개체군이 있거나 최근까지 각 국가별로 빈번히 이동했던 것으로 추정한다(김, 2019).

Gekko japonicus (Schlegel, 1836)

Distribution Busan metropolitan city, Jeonnam (Mokpo), Gyeongnam (Changwon, Gimhae)

Morphology and ecology
Total body length ranges 10-14 cm. Body colors widely vary. Dorsals are yellowish brown, blackish brown, or light gray. Light yellow spots, of which edges are light brown or reddish brown, are regularly present on the main body trunk, including the tail. Body colors are highly various depending on the brightness of the environment. All scales are grainy. Ventrals are yellowish or gray-white and no spots are present. They have vertical pupils and a slightly forked tongue. They have undivided lamellae pads and also have claws on the feet, making them easily able to crawl up walls and ceilings. A pair of 2-3 bumps are present at the cloaca's edge. Males have 5-6 preanal pores. Eggs are white, with a length of 13 mm and a width of 9 mm.

It is mainly observed in residential areas of coastal cities' old town. They are nocturnal and during the day, they generally stay in crevices and holes in buildings, embankments and walls. At night, they forage for insects gathered around lights and street lamps. They are active from mid-April on. Females lay 2-3 eggs inside crevices or holes, which hatch in 40-90 days. They have temperature-dependent sex determination (TSD system), producing females at > 30 °C or < 24 °C and males at around 28 °C. When threatened or grabbed, they do tail autotomy. They daily move 7-10 m and have 170 m² and 31 m² home ranges during breeding and non-breeding seasons, respectively. The geckos in Busan come from China or through Japan and those in Mokpo directly from Japan.

수컷(2007년 12월, 실내 촬영)

형태

암컷(2011년 8월, 부산)

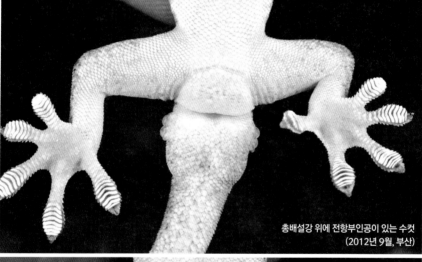

총배설강 위에 전항부인공이 있는 수컷
(2012년 9월, 부산)

총배설강 위에 전항부인공이 없는 암컷
(2012년 9월, 부산)

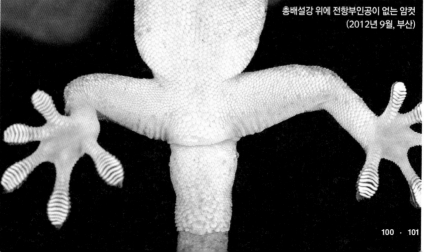

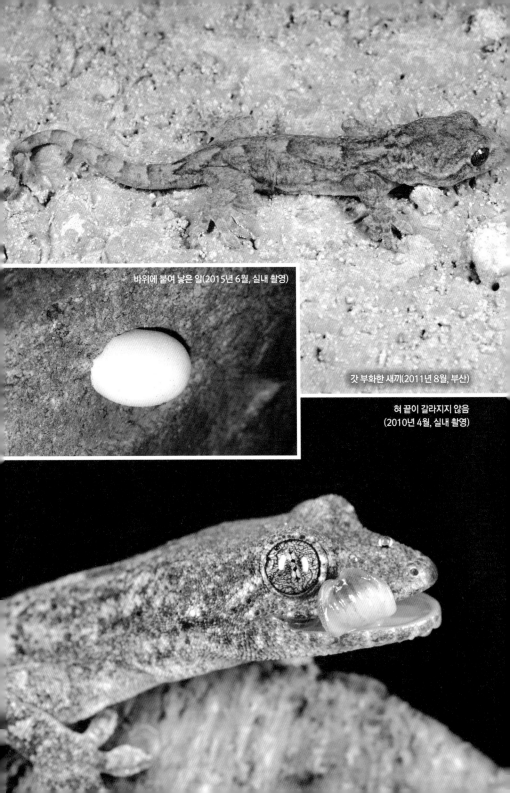

바위에 붙여 낳은 알(2015년 6월, 실내 촬영)

갓 부화한 새끼(2011년 8월, 부산)

혀 끝이 갈라지지 않음
(2010년 4월, 실내 촬영)

동공은 세로형(2010년 4월, 실내 촬영)

등면(2007년 1월, 실내 촬영)

배면(2007년 1월, 실내 촬영)

발바닥 흡반(2012년 9월, 부산)

허물(2009년 4월, 실내 촬영)

개체변이(2011년 8월, 부산)

개체변이(2011년 8월, 부산)

개체변이(2011년 8월, 부산)

생태 도마뱀부치 먹이 사냥 과정(2011년 8월, 부산)

밤에 가로등 주변에 모임

가로등 불빛 주변에서 먹이를 찾음

먹이 발견

먹이 사냥 성공

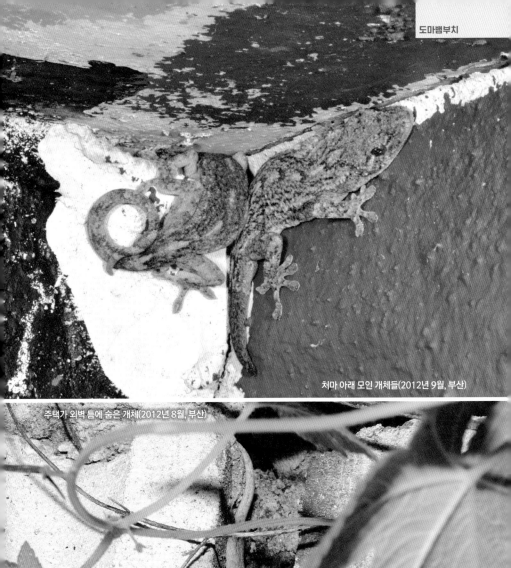

처마 아래 모인 개체들(2012년 9월, 부산)

주택가 외벽 틈에 숨은 개체(2012년 8월, 부산)

산림 주변 옹벽 배수구에 숨은 개체(2012년 10월, 부산)

벽 틈 사이에 숨은 개체(2012년 10월, 부산)

지붕 아래 붙어 있는 개체(2011년 8월, 부산)

서식지

도마뱀부치

산림 주변 주택가(2011년 8월, 부산)

산림 주변 옹벽(2011년 8월, 부산)

산림 주변 콘크리트 벽(2011년 8월, 부산)

해안 주변 주택가(2012년 9월, 부산)

해안 주변 주택가 골목(2012년 9월, 부산)

척삭동물문 > 파충강 > 유린목 > 도마뱀과

도마뱀

학명 *Scincella vandenburghi* (Schmidt, 1927)

영명 Tsushima smooth skink

분포 ─┬─ 국내 전국
 └─ 국외 일본

법정관리현황 ─┬─ 국내 포획·채취 등의 금지 야생생물, 수출·수입 등 허가대상인 야생생물
 └─ 국외 IUCN Red List 'LC' (Least Concern, 최소관심)

생활사

| 1월 | 2월 | 3월 | 4월 | 5월 | 6월 | 7월 | 8월 | 9월 | 10월 | 11월 | 12월 |

▨ 활동기 ▨ 짝짓기 ▨ 산란기 ▨ 동면기

형태

전체 길이는 6~9cm이며, 몸 전체의 비늘이 매끈하고 광택이 난다. 등면은 황갈색, 적갈색이고 흑갈색 작은 반점이 산재한다. 몸통 측면에 불규칙한 흑갈색 줄무늬가 있다. 북도마뱀과 비교할 때 등면과 측면의 구분이 불명확하다. 배면은 보통 황백색 또는 회백색이며 특별한 무늬가 없다. 꼬리는 몸통 길이와 같거나 조금 더 길다. 머리는 몸통에 비해 매우 작다. 동공은 둥근형이다. 전체 길이는 수컷과 암컷이 차이가 없지만 수컷이 암컷에 비해 머리가 좀 더 크다(김, 2010a). 장지뱀과 종들과 비교할 때 다리가 짧고 뒷발 네 번째 발가락이 다른 발가락들에 비해 유난히 길지 않다. 수컷과 암컷 모두 서혜인공이 없다. 알은 백색 또는 회백색이고 길이는 9mm, 폭은 5mm이다.

생태

산림지역, 하천, 해안가, 섬 등의 경작지, 관목림, 등산로, 초지에 주로 서식한다. 내륙 산지에 비해 해안가 또는 섬에서 관찰하기 쉽다. 일광욕하려고 나올 때를 제외한 낮에는 대부분 풀, 낙엽, 바위 아래, 돌무더기와 같이 습한 곳에 숨는다. 낙엽이나 풀 사이를 이동할 때 뱀처럼 미끄러지듯이 움직인다. 야행성으로 주로 육상에서 생활하는 곤충이나 거미를 잡아먹으며 때때로 지렁이를 먹기도 한다. 암컷은 6월부터 7월까지 풀, 낙엽, 고사목, 돌 아래에 알을 8~9개 낳는다. 위협을 느끼면 꼬리를 스스로 자른다.

Scincella vandenburghi (Schmidt, 1927)

Distribution Widely distributed throughout the Korean Peninsula

Morphology and ecology

Total body length ranges 6-9 cm. Body scales are smooth and shiny. Dorsals are yellowish or reddish brown and small blackish brown spots are irregularly present. On the side of the body, irregular blackish brown stripes are present from the nostril to the hind feet. The edge of the stripe is irregular or notched, not smooth. Ventrals are yellowish or gray-white and no spots are present. They have circular pupils. Both males and females do not have a femoral pore. The eggs are whitish or gray-white in color, measuring 9 mm in length and 5 mm in width.

It is common in cultivated fields, shrub land, hiking trails and grassland and is more often found in coastal and island areas. During most of the day, they stay in damp places under the grass, fallen leaves, rock and stone pile. They are nocturnal and forage primarily on insects and arachnids, but also on earthworms. Females lay 8-9 eggs under dead trees, stones and fallen leaves between June and July. When threatened or grabbed, they do tail autotomy.

측면(2011년 3월, 강원 평창)

등면(2010년 4월, 전남 해남)

측면(2018년 4월, 실내 촬영)

동공은 둥근형(2011년 6월, 전남 함평)

갓 부화한 새끼(2016년 8월, 실내 촬영)

부화(2016년 8월, 실내 촬영)

부화 후 남은 알 껍질(2016년 8월, 실내 촬영)

(2011년 6월, 강원 영월)

(2011년 6월, 강원 영월)

2013년 5월, 경남 거제)

개체변이(2018년 4월, 인천)

개체변이(2012년 9월, 전남 신안)

강변 초지에서 일광욕(2010년 4월, 경북 김천)

산림 내 고목 위에서 일광욕(2013년 3월, 제주)

초지 안에서 일광욕(2012년 6월, 충남 아산)

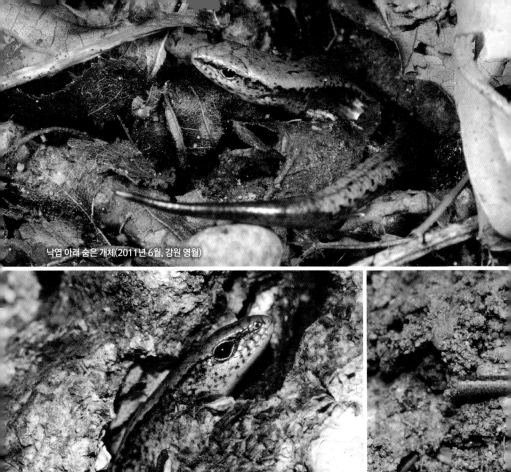

낙엽 아래 숨은 개체(2011년 6월, 강원 영월)

나무껍질 사이에 숨은 개체(2011년 6월, 강원 평창)

돌무더기 안에 숨은 개체(2015년 5월, 제주)

위협을 느껴 스스로 꼬리를 자른 개체(2013년 3월, 전남 해남)

잘린 꼬리 단면(2013년 3월, 전남 해남)

잘린 꼬리(2013년 3월, 전남 해남)

암컷과 짝짓기를 시도하는 수컷(2017년 5월, 충남 아산)

위협을 느끼자 상대를 공격함
(2013년 3월, 전남 해남)

거미 사냥(2018년 4월, 실내 촬영)

허물 벗는 개체(2013년 3월, 전남 해남)

서식지

산림 및 주변 농경지
(2013년 6월, 강원 영월)

하천 주변 초지
(2013년 9월, 전남 해남)

섬의 산림지역(2012년 9월, 전남 신안)

섬의 오름지역(2013년 7월, 제주)

섬의 계곡 주변(2020년 11월, 제주)

척삭동물문 > 파충강 > 유린목 > 도마뱀과

북도마뱀

학명 *Scincella huanrenensis* Zhao and Huang, 1982
영명 Liaoning smooth skink

분포 ┌ **국내** 강원도(평창, 홍천, 인제), 경기도(포천), 전라북도(임실), 경상북도(봉화, 청송)
　　　　└ **국외** 중국

법정관리현황 ┌ **국내** 해당사항 없음
　　　　　　　└ **국외** IUCN Red List 'CR' (Critically Endangered, 위급)

생활사

| 1월 | 2월 | 3월 | 4월 | 5월 | 6월 | 7월 | 8월 | 9월 | 10월 | 11월 | 12월 | 　활동기　출산기　동면기

형태

전체 길이는 6~9cm이며, 몸 전체의 비늘이 매끈하고 광택이 나며 등면과 배면의 색깔은 도마뱀과 매우 비슷하다. 등면은 황갈색 또는 적갈색이지만 도마뱀과 달리 몸통 측면에 흑갈색 또는 적갈색으로 반듯한 줄무늬가 있어 등면과 측면의 구분이 뚜렷하다. 배면은 회백색이며 특별한 무늬가 없다. 꼬리는 몸통 길이와 같거나 조금 더 길다. 머리는 몸통에 비해 매우 작고, 동공은 둥근형이다. 장지뱀과의 다른 종들과 비교할 때 다리가 짧고 수컷과 암컷 모두 서혜인공이 없다. 갓 태어난 개체의 전체 길이는 5cm, 무게는 0.2g이다(Koo et al., 2022).

생태

산림지역의 경작지, 등산로, 숲 가장자리의 바위와 돌무덤에서 주로 관찰된다. 낮에는 햇볕을 받는 바위나 나무 더미에서 일광욕을 하고 풀, 낙엽, 바위 아래, 돌 틈과 같이 습한 곳에 숨어 지낸다. 육상에서 생활하는 작은 곤충과 거미를 잡아먹는다. 도마뱀과 달리 새끼를 낳는 난태생이다(Zhao et al., 1999). 암컷은 7~8월에 돌, 낙엽 아래에 새끼를 약 10마리 낳는다(이, 2011). 위협을 느끼면 꼬리를 스스로 자른다.

Scincella huanrenensis Zhao and Huang, 1982

Distribution Kangwon(Pyeongchang, Hongcheon, Injae), Gyeonggi(Pocheon), Jeonbuk(Imsil), Gyeongbuk (Bongwha, Cheongsong)

Morphology and ecology

Total body length ranges 6-9 cm. Body scales are smooth and shiny. Dorsals are yellowish or reddish brown and small black stripes are regularly present. On the side of the body, a black stripe extends from the nostril to the hind feet. The edge of the stripes is regular and smooth. Ventrals are yellowish or gray-white and no spots are present. They have circular pupils. Both males and females do not have a femoral pore.

It is rarely found on a rock or stone pile in a cultivated field, hiking trail, or forest edge. They use a rock or tree pile for basking and during most of the day, they stay in damp places under the grass, fallen leaves, rock and stone pile. Diets include small insects and arachnids. They are live bearers. Females give birth to around 10 offspring (total length 5 cm and body weight 0.2 g) under dead leaves between July and August. When threatened or grabbed, they do tail autotomy.

상측면(2011년 6월, 강원 홍천)

등면(2006년 6월, 강원 평창)

측면(2016년 6월, 강원 평창)

동공은 둥근형(2011년 6월, 강원 홍천)

북도마뱀(위)과 도마뱀(아래)(2016년 3월, 실내 촬영)

아무르장지뱀(왼쪽)과 북도마뱀
(2016년 3월, 실

관목 아래에서 일광욕(2011년 6월, 강원 홍천)

산림 내 바위 위에서 일광욕(2006년 7월, 강원 평창)

산림 주변 초지에서 일광욕(2010년 8월, 강원 평창)

낙엽 아래 숨은 개체(2011년 6월, 강원 홍천)

흙을 파고 숨은 개체(2011년 6월, 강원 홍천)

위협을 느껴 꼬리를 스스로 자른 개체(2007년 6월, 강원 평창)

잘린 꼬리(2007년 6월, 강원 평창)

출산을 앞둔 암컷(2006년 7월, 강원 평창)

산림 및 계곡(2017년 4월, 강원홍천)

계곡 주변 제방(2007년 5월, 강원 평창)

내륙 산림(2016년 9월, 강원 평창)

산림 주변 경작지(2010년 6월, 강원 평창)

척삭동물문 > 파충강 > 유린목 > 장지뱀과

아무르장지뱀

학명 *Takydromus amurensis* (Peters, 1881)
영명 Amur grass lizard

분포 ─┌ 국내 전국(제주도 제외)
     └ 국외 러시아, 중국, 일본

법정관리현황 ─┌ 국내 수출·수입 등 허가대상인 야생생물
            └ 국외 IUCN Red List 'LC' (Least Concern, 최소관심)

생활사

| 1월 | 2월 | 3월 | 4월 | 5월 | 6월 | 7월 | 8월 | 9월 | 10월 | 11월 | 12월 |

활동기 짝짓기 산란기 동면기

형태

전체 길이는 12~16cm이다. 등면 비늘에는 모두 용골이 있어 거칠고 광택이 없으며 황색, 황갈색 또는 적갈색이고, 대부분 흑갈색 작은 반점이 산재한다. 몸통 측면의 흑갈색 줄무늬는 콧구멍부터 눈까지는 가늘고 눈 뒤에서부터 몸통까지는 넓다. 측면의 비늘은 등면과 달리 작은 알갱이 형태이다. 배면은 회백색 또는 담갈색이며 특별한 무늬가 없다. 뒷발 네 번째 발가락이 다른 발가락에 비해 유난히 길다. 꼬리 길이는 몸통 길이보다 1.5~2.5배 더 길다. 수컷은 암컷에 비해 머리가 크고 꼬리가 더 길다(장과 오, 2012). 인두판은 4쌍이다. 서혜인공은 대부분 3~4쌍이지만 양쪽의 수가 다른 개체도 있다.

생태

산림지역, 계곡, 하천, 경작지 주변에서 주로 관찰된다. 줄장지뱀에 비해 내륙 산지로 갈수록 관찰하기 쉽다. 낮에도 활발하고 풀, 낙엽, 바위 아래, 돌 틈 같은 곳에서 쉰다. 하천 또는 계곡 제방, 밭두렁, 돌무더기 등에서 일광욕한다. 주로 육상에서 생활하는 곤충이나 거미를 잡아먹는다. 4월부터 본격적으로 활동하기 시작해 5월에 짝짓기한다. 암컷은 6월부터 7월까지 낙엽, 돌, 고사목 아래에 5cm 정도 깊이로 흙을 파고 알을 3~7개 낳는다(김과 한, 2009). 위협을 느끼면 꼬리를 스스로 자르고 도망친다.

Takydromus amurensis (Peters, 1881)

Distribution Widely distributed throughout the Korean Peninsula except Jeju Island

Morphology and ecology

Total body length ranges 12-16 cm. Dorsals are yellowish or reddish brown and small blackish brown spots are irregularly present. On the side of the body, a blackish brown stripe extends from the nostril to the hind feet. Ventrals are gray-white or light brown and no spots are present. Distinct keels are present on the whole dorsal scales. Lateral scales on the trunk are grain-type. On the hind feet, the length of the fourth digit is distinctively elongated. Tail length is 1.5-2.5 times longer than the body trunk. Four mentonales are present. They have a pair of 3-4 femoral pores.

It is widely observed in forest areas, mountain valleys, riparian areas and around cultivated areas. It is easier to observe in mountainous areas. They are diurnal and usually bask on the banks of rivers or valleys, fields or stone piles. Diets include small insects and arachnids. They are active from April, mate in May and lay 3-7 eggs at a 5 cm depth under fallen leaves, rocks, or dead trees between June and July. When threatened or grabbed, they do tail autotomy.

등면(2006년 4월, 충북 단양)

수컷(2008년 4월, 강원 평창)

암컷(2011년 6월, 강원 인제)

수컷
(2008년 4월, 강원 영월)

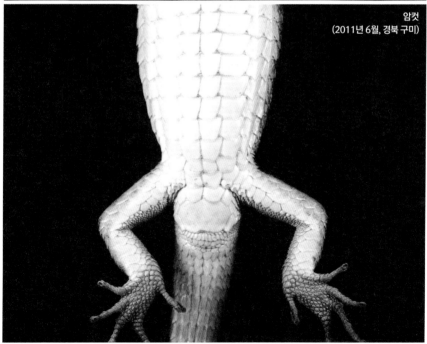

암컷
(2011년 6월, 경북 구미)

알(2011년 6월, 강원 원주)

갓 부화한 새끼(2011년 9월, 강원 홍천)

아무르장지뱀(위)과 줄장지뱀(아래)(2005년 9월, 실내 촬영)

개체변이(2010년 5월, 강원 평창)

개체변이(2013년 6월, 경기 포천)

개체변이(2019년 3월, 경북 영양)

개체변이(2016년 4월, 강원 양구)

개체변이(2017년 4월, 강원 평창)

위협을 느껴 스스로 꼬리를 자른 개체(2008년 5월, 충북 제천)

잘린 꼬리가 재생되고 있는 개체(2012년 4월, 충북 단양)

하천 주변 교각에서 일광욕(2015년 6월, 강원 영월)

바위 위에서 일광욕(2016년 4월, 강원 양구)

나무 더미 안에서 일광욕(2022년 4월, 경북 영양)

나뭇가지 위에서 일광욕(2014년 7월, 강원 홍천)

관목에 올라 일광욕(2014년 6월, 강원 영월)

파리 사냥(2015년 8월, 충북 단양)

산란을 앞둔 암컷(2008년 5월, 강원 평창)

몸통에 붙은 일본참진드기(2010년 4월, 강원 강릉)

갓 부화한 새끼(2011년 9월, 강원 홍천)

내륙 산림(2011년 5월, 강원 인제)

산림 주변 초지(2014년 7월, 경남 양산)

산림 주변 임도(2013년 6월, 경기 포천)

산림 주변 경작지(2010년 6월, 충북 단양)

산림 주변 계곡(2011년 6월, 강원 삼척)

척삭동물문 > 파충강 > 유린목 > 장지뱀과

줄장지뱀

학명 *Takydromus wolteri* (Fischer, 1885)
영명 Wolter lizard, Mountain grass lizard

분포
- 국내 전국
- 국외 러시아, 중국

법정관리현황
- 국내 포획·채취 등의 금지 야생생물, 수출·수입 등 허가대상인 야생생물
- 국외 IUCN Red List 'LC' (Least Concern, 최소관심)

생활사

| 1월 | 2월 | 3월 | 4월 | 5월 | 6월 | 7월 | 8월 | 9월 | 10월 | 11월 | 12월 |

활동기　짝짓기　산란기　동면기

형태

전체 길이는 10~14cm이다. 등면 비늘에는 모두 강한 용골이 있고 거칠고 광택이 없으며, 황갈색 또는 회갈색인데 종종 흑갈색 작은 반점이 산재한 개체도 있다. 몸통 측면은 모두 갈색 또는 적갈색이며, 콧구멍부터 눈 아래를 지나 몸통과 꼬리까지 백색 또는 황백색 줄무늬가 뚜렷하다. 몸통과 꼬리에서 이 줄무늬가 희미해지는 개체도 있다. 측면 비늘은 등면과 달리 작은 알갱이 형태이다. 배면은 회백색, 황록색, 황백색 등으로 다양하고 특별한 무늬가 없다. 뒷발 네 번째 발가락이 다른 발가락에 비해 유난히 길다. 수컷은 암컷에 비해 머리가 크고 꼬리가 더 길다(장과 오, 2012). 꼬리는 몸통보다 2.1~2.6배 더 길다. 인두판은 4쌍이고 서혜인공은 대부분 1쌍이다.

생태

산림지역, 계곡, 하천, 경작지, 초지, 오름, 묘지 주변에서 주로 관찰된다. 아무르장지뱀과 비교할 때 내륙 산지보다 평지와 해안, 섬으로 갈수록 출현 빈도가 더 높아진다. 낮에도 활발하고 풀, 낙엽, 바위 아래, 돌 틈 같은 곳에서 쉰다. 주로 육상 생활을 하는 곤충이나 거미, 달팽이와 같은 소형 복족류 등을 잡아먹는다. 4월부터 본격적으로 활동하기 시작해 5월에 짝짓기하며, 암컷은 6월부터 7월까지 풀과 돌, 덤불, 고사목 아래에 1cm 정도 깊이로 흙을 파고 알을 4~5개 낳는다(김과 한, 2009). 위협을 느끼면 꼬리를 스스로 자르고 도망친다.

Takydromus wolteri (Fischer, 1885)

Distribution Widely distributed throughout the Korean Peninsula

Morphology and ecology

Total body length ranges 10-14 cm. Dorsals are yellowish or reddish brown and small blackish brown spots are irregularly present. The side of the trunk is brown or reddish brown. On the side of the body, a distinctive white or yellowish white strip extends from the nostril to the hind feet. Ventrals are gray-white, yellowish green, or white and no spots are present. Distinct keels are present on all dorsal scales. Lateral scales on the trunk are grain-type. On the hind feet, the length of the fourth digit is distinctively elongated. Tail length is 2.1-2.6 times longer than the body trunk. Four mentonales are present. They have a pair of femoral pores.

It is observed in forest areas, valleys, riparian areas, around cultivated areas and near graves. It is easier to observe in grassland, coastal areas and on islands. They are diurnal and can be found while basking on the banks of rivers or valleys, on the banks of fields, or on stone piles. Diets include small insects, arachnids and arthropods such as snails. They are active from April, mate in May and lay 4-5 eggs at 1 cm depth under fallen leaves, rocks, or dead trees between June and July. When threatened or grabbed, they do tail autotomy.

수컷(2011년 4월, 경북 김천)

암컷(2011년 10월, 강원 춘천)

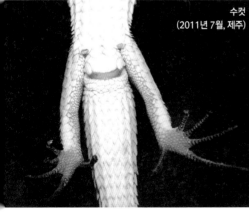

수컷
(2011년 7월, 제주)

암컷
(2011년 6월, 제주)

수컷 생식기(2013년 3월, 전남 해남)

갓 부화한 새끼(2011년 8월, 인천 강화)

알(2008년 5월, 실내 촬영)

줄장지뱀(왼쪽)과 아무르장지뱀(오른쪽)
(2006년 3월, 실내 촬영)

개체변이(2011년 10월, 강원 춘천)

개체변이(2014년 9월, 경남 창녕)

개체변이(2014년 4월, 전남 담양)

개체변이(2011년 10월, 경북 김천)

개체변이(2015년 7월, 인천 강화)

개체변이(2011년 10월, 인천 김포)

개체변이(2010년 9월, 제주)

개체변이(2016년 4월, 제주)

개체변이(2019년 7월, 제주)

개체변이(2019년 7월, 제주)

풀 줄기 위에서 일광욕(2013년 6월, 전남 해남)

바위 위에서 일광욕(2016년 4월, 제주)

낙엽 위에서 일광욕(2010년 4월, 충남 아산)

모래톱 위에서 일광욕(2011년 4월, 경남 합천)

나뭇가지 위에서 일광욕(2009년 8월, 제주)

암컷의 배를 물고 짝짓기하는 수컷(2006년 3월, 실내 촬영)

귀뚜라미 사냥(2008년 3월, 실내 촬영)

땅속에 몸을 숨기고 휴식(2006년 4월, 전남 해남)

산림 및 주변 농경지(2011년 10월, 충북 단양)

하천 주변 제방 및 초지(2011년 8월, 경북 김천)

도심 주변 초지(2010년 4월, 강원 춘천)

해안 주변 습지와 초지(2014년 6월, 충남 태안)

섬의 오름 주변(2019년 7월, 제주)

섬의 산림과 공동묘지(2019년 7월, 제주)

섬의 경작지(2011년 7월, 제주)

척삭동물문 > 파충강 > 유린목 > 장지뱀과

표범장지뱀

학명 *Eremias argus* (Peters, 1869)
영명 Mongolian racerunner

분포 ── ┌ **국내** 전국(제주도 제외)
　　　　└ **국외** 러시아, 중국

법정관리현황 ┌ **국내** 멸종위기 야생생물 II급
　　　　　　　└ **국외** IUCN Red List 'LC' (Least Concern, 최소관심)

생활사

| 1월 | 2월 | 3월 | 4월 | 5월 | 6월 | 7월 | 8월 | 9월 | 10월 | 11월 | 12월 |

활동기　짝짓기　산란기　동면기

형태

전체 길이는 6~10cm이다. 등면은 대부분 황갈색이며 가장자리는 암갈색 또는 흑갈색이고 안쪽이 백색인 작은 반점이 산재한다. 이 반점은 형태가 뚜렷한 것, 2~3개가 서로 연결된 것, 반점 안쪽에 백색이 없는 것 세 가지 유형으로 나타나며 개수는 개체마다 차이가 있다. 몸통의 등면과 측면의 비늘은 모두 작은 알갱이 형태이다. 배면은 보통 백색 또는 회백색이며 특별한 무늬가 없다. 동공은 둥근형이다. 수컷이 암컷에 비해 머리가 더 크다. 꼬리 길이는 몸통 길이와 같거나 조금 더 길다. 발톱이 길다. 알은 백색이고 길이는 14mm, 폭은 8mm, 무게는 0.5g이다. 인두판은 5쌍, 서혜인공은 대부분 11~12쌍이다.

생태

주로 서해 및 남해 해안과 섬에 발달한 사구의 초지에서 서식하며, 내륙의 큰 하천 주변 초지, 산림지역의 마사토가 풍부한 나지와 무덤 주변에서도 관찰된다. 무더운 낮과 추운 밤에는 초지의 모래를 파고들거나 돌, 고목 아래에 들어가 쉰다. 서식지 내에서 발견되는 나비류, 거미류, 집게벌레류, 단각류, 딱정벌레류 등을 주로 잡아먹는다(정과 송, 2010). 암컷은 6월부터 7월까지 20~60cm 깊이 땅속에 알을 3~6개 낳는다. 보통 2~3회 나눠 산란하며 40~50일이면 부화한다(김, 2010b). 6월부터 8월까지 일일 평균 4~7m씩 이동하며, 같은 기간 동안 90~140m^2 범위 행동권을 갖는 것으로 보아 매우 좁은 지역에서 지내는 것으로 보인다(박 등, 2011). 성체의 수명은 보통 3~6년이고 최대 수명은 11년이다(Kim et al., 2010).

Eremias argus (Peters, 1869)

Distribution Widely distributed throughout the Korean Peninsula except Jeju Island

Morphology and ecology

Total body length ranges 6-10 cm. Dorsals are yellowish brown. White spots, of which edges are light brown or black, are present on the whole dorsal scales. There are single-type spots, 2-3 fused spots and plain black spots. Dorsal and lateral scales are grain types. Ventrals are white or gray-white and no spots are present. They have circular pupils. Eggs are white, with a length of 14 mm, a width of 9 mm and a weight of 0.5 g. Five mentonales are present. They have a pair of 11-12 femoral pores.

It is found in grassland or sand dunes along southern or western coast or on island. In the inlands, they are found in riparian areas along rivers and streams or at the forest edge, which have sandy soil. Diets include insects such as butterflies, amphipods, arachnids and arthropods. They are active from April and lay 3-6 eggs at 20-60 cm depth under the ground over 2-3 clutches between June and July. Eggs hatch in 40-50 days. During the breeding season, they move 4-7 m per day and have a home range of 90-140 m². Their lifespan ranges 3-6 years, with a maximum of 11 years. When threatened or grabbed, they do tail autotomy.

수컷(2011년 4월, 경북 김천)

암컷(2011년 10월, 경기 여주)

갓 부화한 새끼(2010년 7월, 실내 촬영)

알(2010년 6월, 실내 촬영)

개체변이(2011년 11월, 실내 촬영)

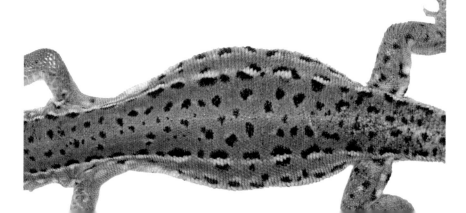

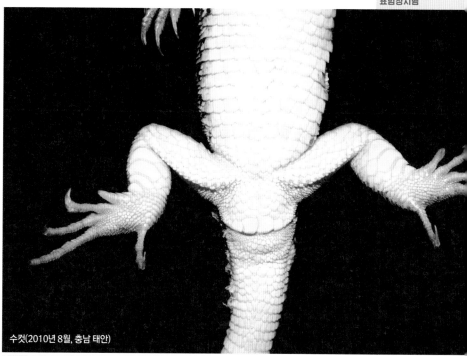

수컷(2010년 8월, 충남 태안)

허물(2008년 5월, 실내 촬영)

강변 초지에서 일광욕(2011년 4월, 경북 김천)

강변 바위 위에서 일광욕(2011년 10월, 경북 김천)

모래 속에 숨은 개체(2010년 5월, 실내 촬영)

모래 속에 구멍을 파고 숨은 개체(2011년 10월, 경북 김천)

거미 사냥(2011년 10월, 경북 김천)

짝짓기하려고 암컷을 붙잡은 수컷(2010년 7월, 충남 태안)

짝짓기(2011년 4월, 실내 촬영)

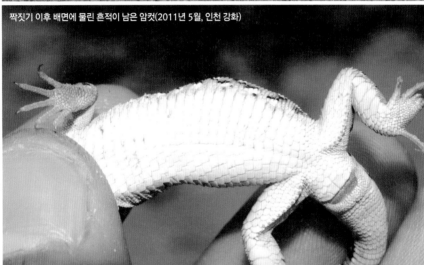

짝짓기 이후 배면에 물린 흔적이 남은 암컷(2011년 5월, 인천 강화)

산란을 앞둔 암컷(2011년 4월, 강원 춘천)

표범장지뱀

알을 찢고 나오는 새끼(2010년 8월, 실내 촬영)

무선발신기 부착 개체(2010년 7월, 실내 촬영)

무선추적장비를 이용한 표범장지뱀 행동권 연구(2010년 8월, 충남 태안)

해안사구(2014년 6월, 충남 태안)

해안사구(2009년 5월, 충남 태안)

산림 정상부 초지(2015년 5월, 인천 강화)

하천 주변 초지(2014년 5월, 경남 합천)

하천의 섬(2012년 4월, 경기 여주)

섬의 해안사구(2010년 5월, 충남 서천)

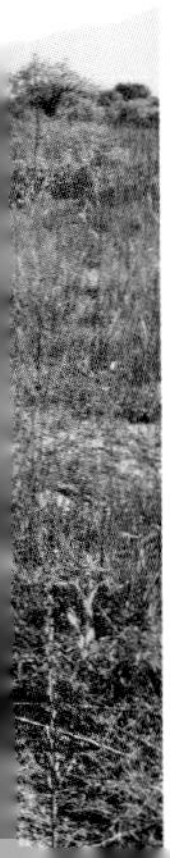

산림 주변 공동묘지(2011년 6월, 강원 춘천)

척삭동물문 > 파충강 > 유린목 > 뱀과

누룩뱀

학명 *Elaphe dione* (Pallas, 1773)
영명 Steppes ratsnake, Dione ratsnake

분포 ──┌ 국내 전국
          └ 국외 러시아, 조지아, 카자흐스탄, 타지키스탄, 우즈베키스탄, 아프카니스탄, 몽골, 중국

법정관리현황 ──┌ 국내 포획·채취 등의 금지 야생생물, 수출·수입 등 허가대상인 야생생물
              └ 국외 IUCN Red List 'LC' (Least Concern, 최소관심)

생활사

| 1월 | 2월 | 3월 | 4월 | 5월 | 6월 | 7월 | 8월 | 9월 | 10월 | 11월 | 12월 |

활동기 ▦ 짝짓기 ▦ 산란기 ▦ 동면기

형태

전체 길이는 70~90cm이며 지역과 개체에 따라 체색변이가 다양하다. 등면은 대부분 암
갈색이나 회갈색 또는 황갈색인 개체도 있다. 정수리에는 가장자리가 흑색이고 안쪽이 적
갈색이나 황갈색인 줄무늬가 있으며 머리 측면에도 같은 줄무늬가 눈 뒤에서부터 목덜미
까지 이어진다. 대부분 등면에 적갈색, 흑갈색 또는 흑색인 반점이 산재하는데 개체에 따
라 몸통 일부에만 있기도 하고 반점이 아닌 줄무늬로 나타나기도 한다. 배면은 대부분 황
백색이나 회백색이며, 흑갈색 작은 반점이 불규칙하게 있다. 몸통 중앙 비늘열은 24~26
개이며, 바깥쪽 7~9줄을 제외한 나머지 비늘에 약한 용골이 있다. 일부는 비늘에 용골이
없다. 알은 백색이고 길이는 5cm, 폭은 1.8cm이다(Pokhilyuk, 2022).

생태

산림지역, 경작지, 평지, 하천, 제방, 초지에서 주로 관찰된다. 등줄쥐, 대륙밭쥐 같은 설치
류를 비롯해 조류도 잡아먹는데, 성조보다 둥지 안에 있는 알이나 갓 깨어난 유조를 선호
한다. 그 외 큰산개구리, 참개구리 같은 양서류도 잡아먹는다. 누룩뱀과 구렁이는 다른 뱀
들에 비해 나무를 잘 오르기 때문에 덤불이나 관목 위 또는 교목 위 가지에 올라가 있을
때가 많다. 4월부터 활동하며 5월부터 6월까지 짝짓기한다. 암컷은 7월부터 8월까지 알
을 12~16개 낳으며 40~50일이면 부화한다(심, 2001). 11월부터 산지의 바위틈, 고목 뿌
리, 무덤 속 쥐구멍, 하천 제방 등에서 동면한다.

Elaphe dione (Pallas, 1773)

Distribution Widely distributed throughout the Korean Peninsula

Morphology and ecology

Total body length ranges 70-90 cm. Body color widely varies between individuals and regions.
Dorsals are greenish, gray, or yellowish brown, with widely spread reddish brown or blackish
brown spots or stripes. Ventrals are yellowish or gray-white, with small blackish brown spots
scattered irregularly. On the top and on the side of the head, there are stripes, of which the
edge is blackish color and the inner areas are reddish or yellowish brown. Ventral scales are
present in 24-26 rows at the mid-body. Weak keels are present on dorsal scales, except 7-9
rows from the edge. Some snakes do not have a keel. Eggs are whitish, the length is 5 cm
and the width is 1.8 cm.

It is widely observed in forest areas, farmland, plains, rivers, embankments and grasslands.
Diets include small mammals, birds (mainly egg and hatchling) and amphibians. They begin to
be active in April and mate between May and June. Females lay 12-16 eggs between July and
August, which usually hatch in 40-50 days. From November, they start to hibernate in crevices
in mountain rocks, the roots of dead trees and the embankments of rivers. Because they can
climb trees well, they are frequently found on tree's bush, shrub, or branch.

등면(2011년 8월, 경남 창녕)

등근 머리(2011년 6월, 강원 영월)

몸통 측면(2011년 6월, 강원 영월)

몸통 배면(2011년 6월, 강원 영월)

갓 부화한 새끼(2010년 7월, 강원 춘천)

암컷과 알(2006년 7월, 실내 촬영)

수컷 총배설강과 꼬리(2019년 4월, 경북 영양)

수컷 생식기(2011년 9월, 강원 정선)

개체변이(2013년 5월, 경남 창녕)

개체변이(2016년 5월, 인천 옹진)

개체변이(2011년 6월, 강원 영월)

개체변이(2008년 6월, 충북 단양)

개체변이(2010년 5월, 강원 평창)

개체변이(2013년 9월, 제주)

개체변이(2010년 9월, 제주)

폐가 담장 위에서 일광욕(2021년 5월, 경북 영양)

산림 내 초지에서 일광욕(2008년 5월, 충북 제천)

나무판자 아래 숨은 개체(2016년 5월, 인천 옹진)

바위 아래 숨은 개체(2020년 6월, 경북 울진)

옹벽 배수구 안에 숨은 개체(2011년 8월, 부산)

버드나무에 올라간 개체(2007년 7월, 경기 포천)

나무 오르기(2013년 5월, 경남 창녕)

백색증(루시스틱) 개체(2012년 6월, 강원 인제)

논에서 헤엄치는 개체(2010년 5월, 충북 단양)

위협을 느껴 독사를 흉내 내는 개체(의태행동)(2009년 7월, 경기 포천)

짝짓기(2010년 5월, 충남 태안)

알을 찢고 나오는 새끼(2006년 8월, 실내 촬영)

서식지

내륙 산림(2011년 4월, 강원 삼척)

산림 주변 계곡 및 제방(2010년 5월, 강원 평창)

산림 주변 묘지(2011년 7월, 강원 인제)

누룩뱀

산림 주변 농경지(2019년 4월, 경북 봉화)

하천 주변 제방(2011년 4월, 경북 군위)

저지대 농경지(2011년 5월, 경북 울진)

186   187

척삭동물문 > 파충강 > 유린목 > 뱀과

구렁이

학명 *Elaphe schrenckii* Strauch, 1873

영명 Amur ratsnake, Siberian ratsnake

분포 ───┌ 국내 전국(제주도 제외)
　　　　└ 국외 러시아, 중국, 몽골

법정관리현황 ───┌ 국내 멸종위기 야생생물 II급
　　　　　　　　└ 국외 IUCN Red List 'LC' (Least Concern, 최소관심)

생활사

| 1월 | 2월 | 3월 | 4월 | 5월 | 6월 | 7월 | 8월 | 9월 | 10월 | 11월 | 12월 | ▓ 활동기 ▓ 짝짓기 ▓ 산란기 ▓ 동면기 |

분류

과거 우리나라에는 먹구렁이, 황구렁이 2개 아종이 서식하는 것으로 알려졌으나, 이 둘을 대상으로 형태학적, 유전학적 연구를 수행한 결과 아종 사이에 뚜렷한 차이가 없어 구렁이 단일 종이 서식하는 것으로 확인되었다(이, 2011).

형태

전체 길이는 110~200cm이다. 지역과 개체에 따라 체색변이가 다양하다. 등면은 흑색, 암갈색, 황갈색 등으로 다양하고 회백색 또는 가장자리가 흑색이고 안쪽이 황백색인 가로 줄무늬가 있거나 희미하게 나타나거나 아예 없는 개체도 있다. 정수리에는 특별한 무늬가 없고 개체에 따라 목덜미에 담황색 또는 황색 줄무늬가 ∧ 모양으로 나타나기도 한다. 머리 측면에는 눈 뒤에서부터 목덜미까지 흑색 또는 가장자리가 흑색이고 안쪽이 암갈색이나 황갈색인 줄무늬가 있다. 윗입술판과 아랫입술판 뒤쪽에 흑색이나 황갈색 가는 세로 줄무늬가 있다. 배면은 대부분 황백색이나 회백색이며 흑갈색 반점이 산재하거나 반점이 없는 개체도 있다. 몸통 가운데 비늘열은 대부분 23개이며, 바깥쪽 3~5줄을 제외한 나머지 비늘에는 모두 약한 용골이 있다. 알은 백색이고 길이는 5~6cm, 폭은 2~2.5cm이다.

생태

산림지역, 호수, 하천, 경작지, 민가 주변을 비롯해 서해 및 남해의 해안과 섬에서 주로 관찰되지만 개체 수가 매우 적다. 다람쥐, 등줄쥐, 청설모와 같은 설치류를 비롯해 조류와 양서류까지 잡아먹는다. 누룩뱀과 마찬가지로 조류는 둥지 안에 있는 알과 갓 부화한 유조를 선호한다. 4월부터 활동하기 시작해 5월부터 6월까지 짝짓기한다. 암컷은 7월부터 8월까지 알을 8~22개 낳으며 45~60일이면 부화한다. 11월부터 산사면의 땅속, 바위틈, 고목 뿌리, 하천 제방, 돌담 틈에서 동면한다. 활동기 동안 월 평균 370~660m씩 이동하며, 1년 동안의 행동권은 20~80ha이다(이, 2011). 우리나라에 서식하는 뱀 가운데 가장 큰 종이다.

Elaphe schrenckii Strauch, 1873

Distribution Widely distributed throughout the Korean Peninsula except Jeju Island

Morphology and ecology

Total body length ranges 110-200 cm. Body color widely varies between individuals and regions. Dorsals are blackish, light brown, or yellowish brown. In some snakes, thin horizontal stripes, of which edges are gray white or black and of which inside area is yellowish white, are present on the dorsal scales. Ventrals are yellowish or gray-white, with or without small blackish brown spots scattered irregularly. On the top of the head, no spots or stripes are present. Light yellow or yellow Λ-shape stripes are present on the nape. On the side of the head, there are stripes, of which the edge is a blackish color and the inner area is dark or yellowish brown. Thin vertical stripes are present on the supralabials and infralabials. The ventrals at the mid-body trunk are 23 rows. Weak keels are present on the dorsals, except 3-5 rows from the edge. White eggs measure 5-6 cm in length and 2-2.5 cm in width.

It is observed in the forest area, nearby lake and river, farmland and farmhouse. Also, they are often observed on western and southern coastal islands. Diets include small mammals, chimunks and squirrels, birds (mainly egg and hatchling) and amphibians. They begin to be active in April and mate between May and June. Females lay 8-22 eggs between July and August, which usually hatch in 45-60 days. From November, they start to hibernate under the ground on mountain slopes, rock crevices, the roots of dead trees, river embankments and stone walls. They move 370-660 m per month and have a yearly home range of 20-80 ha. It is the largest snake species in the Republic of Korea.

형태

황색형(2014년 6월, 강원 영월)

흑색형(2014년 5월, 강원 영월)

둥근 머리(2013년 6월, 경기 포천)

갓 부화한 새끼(2011년 9월, 강원 원주)

암컷과 알(2008년 6월, 실내 촬영)

알 덩어리(2008년 6월, 실내 촬영)

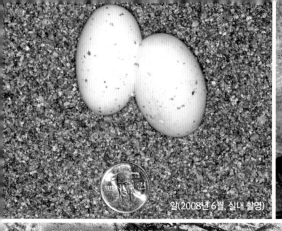

알(2008년 6월, 실내 촬영)

허물(2020년 10월, 충북 단양)

개체변이(2009년 6월, 인천 옹진)

개체변이(2012년 5월, 강원 원주)

개체변이(2011년 9월, 실내 촬영)

개체변이(2017년 5월, 인천 옹진)

개체변이(2013년 6월, 경남 통영)

개체변이(2009년 6월, 경기 포천)

개체변이(2008년 11월, 충북 제천)

개체변이(2019년 5월, 경북 봉화)

개체변이(2006년 6월, 충북 제천)

개체변이(2014년 8월, 경남 창녕)

나무 위에서 일광욕(2009년 5월, 경기 포천)

나무 위에서 일광욕(2009년 9월, 인천 옹진)

나무 위에서 일광욕(2009년 8월, 충북 제천)

고목 위에서 일광욕(2009년 5월, 경기 포천)

동면하려고 바위틈에 숨은 개체(2007년 11월, 충북 제천)

초지에서 일광욕(2009년 6월, 충북 제천)　　나무뿌리 아래 숨은 개체(2008년 10월, 충북 제천)

짝짓기하려고 암컷을 잡은 수컷(2010년 6월, 실내 촬영)

방어 행동(2012년 5월, 강원 원주)

알에서 나오는 새끼(2008년 8월, 실내 촬영)

짝짓기(2008년 5월, 실내 촬영)

나무를 오르는 개체(2014년 6월, 강원 영월)

먹이를 먹고 일광욕(2008년 10월, 충북 제천)

무선추적장비를 이용한 구렁이 행동권 연구
(2008년 8월, 충북 제천)

내륙 산림(2009년 8월, 경기 포천)

산림 주변 임도(2009년 7월, 경기 포천)

저지대 농경지(2014년 8월, 경남 창녕)

섬 마을(2009년 6월, 인천 옹진)

산림 주변 계곡(2017년 4월, 강원 홍천)

산림 주변 농경지(2008년 6월, 충북 제천)

해안 및 무인도(2009년 9월, 인천 옹진)

무자치

학명 *Oocatochus rufodorsatus* (Cantor, 1842)
영명 Frog-eating ratsnake, Red-backed ratsnake, Water snake

분포 ─── ┌ 국내 전국(제주도 제외)
└ 국외 러시아, 중국

법정관리현황 ─── ┌ 국내 포획·채취 등의 금지 야생생물, 수출·수입 등 허가대상인 야생생물
└ 국외 IUCN Red List 'LC' (Least Concern, 최소관심)

생활사

| 1월 | 2월 | 3월 | 4월 | 5월 | 6월 | 7월 | 8월 | 9월 | 10월 | 11월 | 12월 |

활동기 ▨ 짝짓기 ▨ 출산기 ▨ 동면기

분류

2001년 유럽, 아시아, 아프리카에 서식하는 쥐잡이뱀류(Ratsnake)
에 대한 지리학적, 해부학적, 유전학적 계통분류 연구 결과에 따라
새로운 속 *Oocatochus*를 기재하고 기존 *Elaphe*에 속해 있었던
무자치를 이 속으로 변경했다(Helfenberger, 2001).

형태

전체 길이는 50~70cm이다. 등면은 황갈색이나 적갈색이며, 정수
리, 머리 측면 눈 뒤에서부터 목덜미까지 흑갈색 무늬가 있다. 이
무늬는 목덜미부터 몸통 중간까지는 흑갈색 반점으로 이어지고
몸통 중간부터는 희미해져 차츰 줄무늬 형태가 된다. 배면은 황적
색이고 배비늘 1~2개 간격으로 불규칙한 흑색 무늬가 있다. 몸통
가운데 비늘열은 19~21개이고 비늘에 용골이 없다.

생태

저지대 논과 농수로, 습지, 호수, 하천과 같이 물과 인접한 곳에서
주로 관찰된다. 물가의 초지와 낮은 관목 위, 논두렁 같은 곳에서
일광욕하고 주변의 바위 아래, 쥐구멍, 돌무더기, 덤불 속에서 쉰
다. 주로 양서류와 어류를 잡아먹으며 때때로 곤충과 작은 포유류
를 잡아먹기도 한다. 하천과 습지, 논과 같이 물이 있는 장소를 선
호하며, 다른 뱀에 비해 헤엄을 잘 치고 오랜 시간 동안 잠수할 수
있다. 4월부터 활동하며 5월에 짝짓기한다. 난태생으로 7월부터 8
월까지 이전에 활동했던 물가를 벗어나 주변의 논과 밭에서 새끼
를 4~17마리 낳는다(김과 한, 2009). 10월부터 경작지 주변 밭둑,
저수지 제방, 쥐구멍, 돌무덤, 나무 더미, 바위틈에서 여러 마리가
무리 지어 동면한다. 1년 동안의 행동권은 0.2~0.3ha이다(Lee *et
al.*, 2011).

Oocatochus rufodorsatus (Cantor, 1842)

Distribution Widely distributed throughout the Korean Peninsula except Jeju Island

Morphology and ecology

Total body length ranges 50-70 cm. Dorsals are yellowish brown or reddish brown. Ventrals are yellowish-red. Irregular blackish spots are present on the ventrals. Short blackish-brown strips are present on the top of the head and between the back of the eyes and the nape. From the mid-body, it transitions into complete lines. Dorsal scales are 19-21 rows. No keels are on the dorsals.

It is observed nearby bodies of water, such as lowland rice fields, agricultural waterways, wetland areas, lakes and rivers. Diets include fish and amphibians, as well as sometimes small mammals and insects. They swim well and can submerge for a while. They begin to be active in April and mate in May. Females give birth to 4-17 offspring on nearby agricultural land between July and August. From late October, they start to hibernate in groups in the field around farmland, reservoir embankments, stone graves, wood piles and crevices in rock. They have a yearly home range of 0.2-0.3 ha.

형태

등면(2011년 5월, 경남 창녕)

등면(2007년 6월, 강원 춘천)

둥근 머리(2011년 5월, 경남 창녕)

몸통 등면(2013년 6월, 충남 아산)

몸통 배면(2013년 6월, 충남 아산)

갓 태어난 새끼(2011년 9월, 강원 원주)

갓 태어난 새끼(2007년 8월, 강원 춘천)

수풀에서 일광욕(2014년 6월, 강원 영월)

수풀 위에서 일광욕(2007년 7월, 강원 강릉)

논두렁에서 일광욕(2015년 5월, 인천 강화)

논 주변에서 휴식(2013년 6월, 충남 아산)

논에서 먹이 찾기(2013년 6월, 충남 아산)

도랑에서 이동(2015년 7월, 인천 강화)

버드나무 위에서 휴식(2007년 8월, 강원 춘천)

독사 흉내 내기(의태 행동)(2013년 6월, 충남 아산)

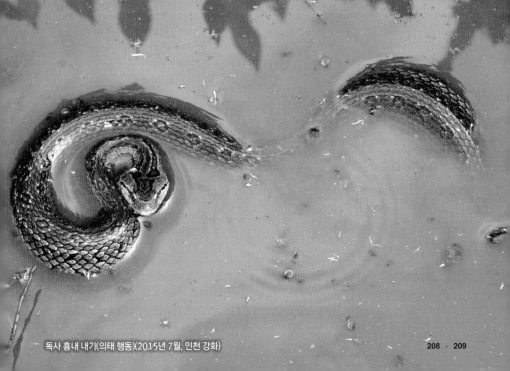

독사 흉내 내기(의태 행동)(2015년 7월, 인천 강화)

짝짓기(2008년 4월, 충남 태안)

출산을 앞둔 암컷(2008년 7월, 충북 제천)

하천 상류(2016년 4월, 경북 군위)

하천 중류(2012년 5월, 인천 강화)

하천 하류(2013년 5월, 전남 해남)

산림 및 저지대 주변 논(2010년 8월, 강원 철원)

농경지 주변 저수지(2013년 5월, 충남 아산)

농경지 주변 수로(2014년 4월, 충남 아산)

농경지 주변 물웅덩이(2008년 4월, 충남 태안)

산지 주변 물웅덩이(2014년 6월, 강원 영월)

척삭동물문 > 파충강 > 유린목 > 뱀과

유혈목이

학명 *Rhabdophis tigrinus* (Boie, 1826)
영명 Tiger keelback

분포 ─┬─ 국내 전국
      └─ 국외 러시아, 중국, 일본

법정관리현황 ─┬─ 국내 포획·채취 등의 금지 야생생물, 수출·수입 등 허가대상인 야생생물
              └─ 국외 IUCN Red List 'LC' (Least Concern, 최소관심)

생활사

| 1월 | 2월 | 3월 | 4월 | 5월 | 6월 | 7월 | 8월 | 9월 | 10월 | 11월 | 12월 |

활동기 ▓ 짝짓기 ▓ 산란기 ▓ 동면기

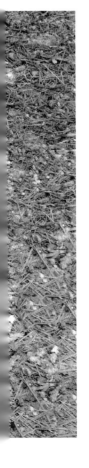

형태

전체 길이는 60~100cm이다. 지역과 개체에 따라 체색변이가 다양하다. 제주도에 서식하는 개체는 내륙 개체와 비교할 때 흑색 반문과 줄무늬가 더 크고 뚜렷하다. 등면은 보통 녹색이며 전체에 흑색 반점 또는 짧은 가로 줄무늬가 꼬리까지 산재한다. 특히 목덜미 부분에는 적색이나 황적색 무늬가 있어 흑색 무늬와 확연한 대비를 이룬다. 목덜미에서 시작되는 화려한 체색은 꼬리로 갈수록 희미해진다. 정수리에는 보통 특별한 무늬가 없지만 작고 불규칙한 흑색 반점이 있는 개체도 있다. 눈 뒤 목덜미 측면에는 흑색 반점이 있고 윗입술판 뒤쪽에도 흑색 세로 줄무늬가 있다. 배면은 대부분 담녹색이며 특별한 무늬가 없다. 몸통 가운데 비늘열은 대부분 19개이며 모든 비늘에 강한 용골이 있다. 알은 백색이고 길이는 3cm, 폭은 1.5cm이다(Pokhilyuk, 2022).

생태

산림지역, 하천, 호수, 습지, 경작지, 초지를 비롯해 해안가, 섬 지역까지 우리나라 전역에서 쉽게 관찰된다. 주로 청개구리, 참개구리, 큰산개구리와 같은 양서류를 잡아먹으며 몸집이 크고 독이 있어 다른 뱀들은 잘 먹지 않는 두꺼비를 먹기도 한다. 참붕어, 버들치와 같은 어류를 비롯해 소형 설치류도 잡아먹는다. 4월부터 활동하며 암컷은 6월부터 8월 사이에 알을 8~26개 낳고 알은 35~40일이면 부화한다. 산란 이후 9월부터 10월까지 짝짓기한다. 듀벨로이드샘, 목덜미샘 2가지 독샘이 있다. 눈과 위턱 사이에 있는 듀벨로이드샘에서 만들어진 독은 먹이를 먹을 때 위턱 뒤쪽에 있는 작은 독니를 통해 분비한다. 두꺼비를 먹어서 목덜미샘에 저장한 스테로이드성 독은 방어 행동을 할 때 스스로 터트리거나 물리적인 자극을 받아 터져 피와 함께 흘러나온다 (Hutchinson et al., 2007). 위협을 느끼면 드물게 꼬리를 자르기도 한다.

Rhabdophis tigrinus (Boie, 1826)

Distribution Widely distributed throughout the Korean Peninsula

Morphology and ecology

Total body length ranges 60-100 cm. Body color widely varies between individuals and regions. Snakes on Jeju Island have more distinct and larger blackish spots or stripes on the body. Dorsals are greenish. Blackish spots or short horizontal stripes are irregularly present throughout the whole dorsal scales. Only on the nape, red or yellowish red stripes are distinctively present and become fainter toward the tail. Ventrals are bright green and no spot or stripe is present. On the side of the nape and on the supralabials, blackish stripes are present. Dorsal scales are 19 rows. Heavy keels are present on the whole dorsal scales. Eggs are whitish; the length is 3 cm and the width is 1.5 cm.

It is widely observed throughout the country, including in the forest, riparian and lakeside areas, wetland, farmland, grassland and coastal areas. They are also found on many islands. Diets include amphibians, including toads, which have deadly toxins. They also forage for small mammals and fish. They are active from April on and lay 8-26 eggs, which hatch in 35-40 days. They mate in late autumn, between September and October. They have Duvernoy's venome gland between the eyeball and the upper jaw, which releases its toxin through the rear-fang. In addition, they have nuchal glands on the nape, which contain bufo toxin, extracted from toad diets and other toxins. They can use the toxin to protect them from aerial predators. When threatened or grabbed, they rarely do tail autotomy.

형태

등면(2011년 4월, 강원 삼척)

몸통 측면(2015년 3월, 실내 촬영)

몸통 배면(2011년 10월, 강원 고성)

갓 부화한 새끼(2011년 9월, 강원 인제)

바위 아래 산란(2009년 8월, 제주)

알(2009년 8월, 제주)

독니(2010년 5월, 강원 삼척)

부풀린 목덜미샘
(2010년 5월, 강원 삼척)

목덜미샘에서 흘러나온 독액(2010년 5월, 강원 삼척)

개체변이(2012년 4월, 경북 구미)

허물(2011년 10월, 제주)

개체변이(2011년 5월, 강원 인제)

개체변이(2013년 9월, 제주)

개체변이(2011년 7월, 제주)

수풀 위에서 이동(2016년 5월, 인천 강화)

하천에서 헤엄(2014년 6월, 강원 삼척)

머리를 들어 방어(2008년 10월, 제주)

죽은 척하기(의사행동)(2013년 6월, 충남 아산)

하천 주변 제방을 이동(2014년 5월, 강원 홍천)

하천 주변 제방에서 일광욕(2011년 6월, 강원 홍천)

낙엽 위에서 일광욕(2011년 6월, 경기 포천)

방어 행동(2014년 6월, 충남 아산)

논에서 청개구리 사냥(2014년 4월, 강원 삼척)

바위 아래 숨은 개체(2011년 7월, 제주)

서식지

저수지 및 농경지(2019년 4월, 경북 봉화)

농경지 및 농수로(2019년 6월, 인천 강화)

오름 및 초지(2013년 3월, 제주)

곶자왈 주변 물웅덩이(2011년 7월, 제주)

하천 주변 제방(2014년 6월, 강원 삼척)

산림 및 계곡(2010년 5월, 강원 평창)

산림 주변 계곡(2011년 6월, 강원 홍천)

하구역 및 해안가(2016년 4월, 충남 서산)

척삭동물문 > 파충강 > 유린목 > 뱀과

대륙유혈목이

학명 *Hebius vibakari* (Boie, 1826)
영명 Asian keelback snake, Japanese keelback

분포 ──┌ 국내 전국
          └ 국외 러시아, 중국, 일본

법정관리현황──┌ 국내 포획·채취 등의 금지 야생생물, 수출·수입 등 허가대상인 야생생물
               └ 국외 IUCN Red List 'LC' (Least Concern, 최소관심)

생활사

| 1월 | 2월 | 3월 | 4월 | 5월 | 6월 | 7월 | 8월 | 9월 | 10월 | 11월 | 12월 |

활동기　짝짓기　산란기　동면기

분류

최근까지 *Amphiesma*에 속했으나, 2014년 아시아에 서식하는 해당 속 18종을 대상으로 한 형태학적, 유전학적 연구 결과에 따라 *Hebius*로 속명을 변경했다(Guo *et al.*, 2014).

형태

전체 길이는 40~65cm로 다른 뱀에 비해 작다. 등면은 황갈색 또는 암갈색이고 특별한 무늬가 없다. 머리 윗면은 대부분 흑갈색이며, 불규칙하고 작은 황갈색 반점이 산재한 개체도 있다. 머리 측면은 흑갈색이고 윗입술판 가장자리에는 흑갈색 세로 줄무늬가 부분적으로 남아 있다. 목덜미에 황백색 또는 회백색 가는 가로 줄무늬가 있는 개체도 있다. 배면은 대부분 황백색이고 배비늘 양쪽 끝부분에 작은 흑갈색이나 황갈색 반점이 있다. 몸통 가운데 비늘열은 대부분 19개이며 모든 비늘에 약한 용골이 있다.

생태

산림지역, 경작지, 관목림, 초지, 해안가에서 주로 관찰되는데 내륙 산지에 비해 서해 및 남해의 덕적도, 진도, 흑산도, 제주도와 같은 섬 지역으로 갈수록 관찰하기 쉽다. 주로 양서류와 곤충을 잡아먹는데 특히 지렁이를 선호한다. 4월부터 활동하며 5~6월에 여러 마리가 한 장소에 모여 집단으로 짝짓기한다(구 등, 2019). 암컷은 7월부터 8월까지 알을 5~10개 낳으며 10월부터 동면한다. 구애 행동, 산란 장소, 이동과 행동권 등 구체적인 생태에 대해서는 알려진 것이 없다. 성격이 온순하고 잘 물지 않으며 몸집이 작아서 열과 스트레스에 견디는 힘이 약하다(심, 2001).

Hebius vibakari (Boie, 1826)

Distribution Widely distributed throughout the Korean Peninsula

Morphology and ecology

Total body length ranges 40-65 cm. Dorsals are yellowish or darkish brown and have no spots or stripes. Scales on the head are blackish and often have small yellow-brown spots. On the yellow-brown infralabials, black vertical strips are present. On the nape, yellowish-white or gray-white horizontal stripes are present. Ventrals are yellowish white and darkish or yellowish brown spots appear on the edges of the ventrals. Dorsal scales are 19 rows. Weak keels can be found on all dorsal scales.

It is found in forests, farmland, shrub land and grassland. More snakes are observed on islands such as Dukjukdo, Jindo, Heuksando and Jejudo. Diets include amphibians and insects. They also prefer to forage for earthworms. They become active in April and mate in the mating lek system between May and June. They lay 5-10 eggs between July and August and start to hibernate in late October. They are docile, rarely bite and are highly vulnerable to excessive heat and handling.

형태

등면(2009년 6월, 인천 옹진)

둥근 머리(2012년 9월, 전남 신안)

몸통 등면(2009년 9월, 인천 옹진)

몸통 배면(2009년 6월, 강원 평창)

개체변이(2011년 6월, 제주)

개체변이(2009년 6월, 인천 옹진)

개체변이(2010년 8월, 충북 제천)

개체변이(2015년 5월, 제주)

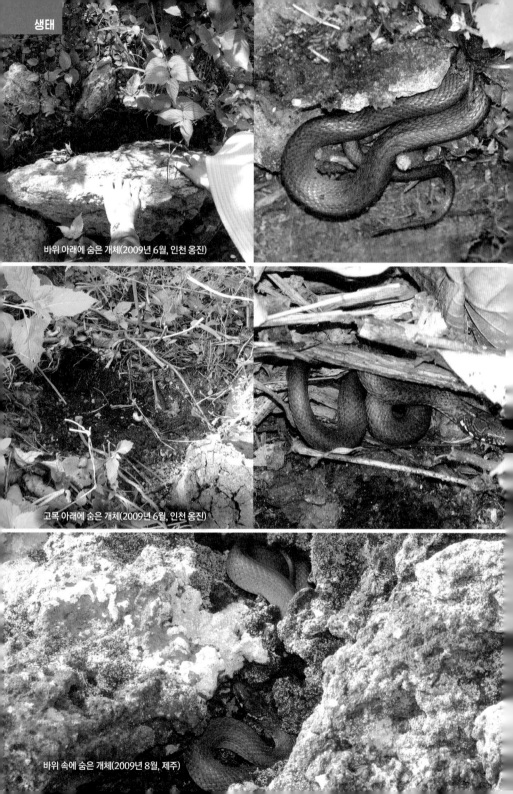

바위 아래에 숨은 개체(2009년 6월, 인천 옹진)

고목 아래에 숨은 개체(2009년 6월, 인천 옹진)

바위 속에 숨은 개체(2009년 8월, 제주)

독사 흉내 내기(의태 행동)(2009년 6월, 인천 옹진)

머리를 감추는 방어 행동(2009년 6월, 인천 옹진)

풀 속에 숨은 개체(2012년 9월, 제주)

널빤지 아래 숨은 개체(2015년 5월, 제주)

오름 및 초지(2016년 4월, 제주)

해안 및 섬(2012년 9월, 전남 신안)

산림 주변 계곡(2020년 10월, 제주)

내륙 산림(2009년 5월, 경기 포천)

산림 주변 돌무덤(2010년 5월, 강원 홍천)

척삭동물문 > 파충강 > 유린목 > 뱀과

능구렁이

학명 *Lycodon rufozonatus* Cantor, 1842
영명 Red-banded snake

분포 ── ┌ 국내 전국(제주도 제외)
└ 국외 러시아, 중국, 일본, 대만, 라오스, 베트남

법정관리현황 ┌ 국내 포획·채취 등의 금지 야생생물, 수출·수입 등 허가대상인 야생생물
└ 국외 IUCN Red List 'LC' (Least Concern, 최소관심)

생활사

| 1월 | 2월 | 3월 | 4월 | 5월 | 6월 | 7월 | 8월 | 9월 | 10월 | 11월 | 12월 |

■ 활동기　■ 짝짓기　■ 산란기　■ 동면기

분류

최근까지 *Dinodon*에 속했으나, 2022년 진행한 중국 내 파충류 계통분류 및 분화에 대한 연구 결과에 따라 1842년에 능구렁이를 최초 기재했던 속명으로 되돌려 *Lycodon*으로 재분류했다(Cantor, 1842, Wang *et al.*, 2022).

형태

전체 길이는 60~110cm이다. 등면은 적색이나 황적색이고 흑색 가로 줄무늬가 규칙적으로 나 있다. 몸통 측면에는 적색과 흑색 세로 줄무늬가 불규칙하게 나타난다. 머리는 몸통에 비해 작고 대부분 흑색이며 머리판 사이사이에 적색 가는 줄무늬가 있다. 동공은 세로형이다. 윗입술판은 황적색이며 개체에 따라 작은 흑색 반점이 나타나기도 한다. 배면은 적황색이나 황백색이고 대부분 특별한 반점이나 무늬가 없지만 때때로 작은 흑색 반점이 산재한 개체도 있다. 몸통 가운데 비늘열은 대부분 17개이며, 비늘은 용골 없이 매끈하다.

생태

산림지역, 산과 인접한 주택가, 경작지, 하천, 석축, 제방, 묘지의 돌담에서 주로 관찰된다. 야행성으로 낮에는 주로 밭둑의 쥐구멍, 석축, 돌담, 고목 아래 등에 숨어 있어 보기 어렵다. 참개구리, 큰산개구리를 비롯한 양서류, 어류, 조류, 설치류 등 매우 다양한 먹이를 먹으며 특히 무자치, 살모사와 같은 다른 뱀을 포함해 독이 있는 두꺼비까지 잡아먹는다. 4월부터 활동하며 10월이면 동면한다. 5월에 짝짓기를 마친 암컷은 7월부터 8월까지 알을 5~10개 낳는다. 9~10월에 하루 평균 18m 정도씩 이동하고 주로 오후 4시부터 새벽 2시까지 활동한다(김 등, 2013).

Lycodon rufozonatus Cantor, 1842

Distribution Widely distributed throughout the Korean Peninsula except Jeju Island

Morphology and ecology

Total body length ranges 60-110 cm. Dorsals are red or yellowish red and have regular horizontal black stripes on the whole body. They have a relatively small head and vertical pupils. Black, thin stripes are present on the head, which are yellowish-red in color. Supralabials are light yellowish red with vertical black stripes. The ventrals are reddish yellow or yellowish white, with only few small black spots. Dorsal scales are 17 rows. There is no keel on the dorsal scales. All scales are glittery and smooth.

It is observed in forest areas, residential areas adjacent to mountains, farmland, riparian areas, stone embankments and stone grave walls. They are nocturnal and during most of the day, they stay in a mouse hole in field embankment, stone shaft, stone wall, or under an old tree, so it is hard to directly observe them. Diets include amphibians, fish, birds and small mammals. In particular, they are ophiophagous, the snake-eating snake, foraging the frog-eating ratsnakea and vipers. From April on, they are active, mate in May and lay 5-10 eggs between July and August. They are nocturnal snakes and are highly active between 16:00 and 02:00. They move 18 m per day in late autumn.

형태   둥근 머리(2010년 8월, 전남 해남)   몸통 배면(2013년 7월, 경남 창녕)

몸통 측면(2010년 8월, 전남 해남)

등면(2010년 8월, 전남 해남)

총배설강 뒤가 불룩한 수컷(2013년 5월, 경북 김천)

갓 부화한 새끼(2016년 6월, 인천 옹진)

개체변이(2011년 5월, 강원 원주)

개체변이(2013년 9월, 충북 제천)

개체변이(2011년 7월, 강원 평창)

주로 밤에 활동(2018년 6월, 강원 영월)

몸을 말은 방어 자세(2013년 7월, 경남 창녕)

박새 사냥(2018년 7월, 충북 제천)

탈피 직전(2013년 5월, 경북 김천)

짝짓기하려고 한곳에 모인 개체들(2013년 5월, 경북 김천)

나무 오르기(2013년 9월, 강원 춘천)

서식지

내륙 산림(2013년 6월, 강원 인제)

내륙 산림(2011년 6월, 충북 제천)

산림 주변 계곡(2010년 8월, 충북 제천)

산림 주변 밭(2011년 6월, 경기 포천)

산림 주변 과수원(2010년 4월, 충북 제천)

산림 주변 묘지(2013년 5월, 경북 김천)

척삭동물문 > 파충강 > 유린목 > 뱀과

실뱀

학명 *Orientocoluber spinalis* (Peters, 1866)
영명 Slender racer

분포 ─┌ 국내 전국
　　　　└ 국외 러시아, 카자흐스탄, 몽골, 중국

법정관리현황 ─┌ 국내 포획·채취 등의 금지 야생생물, 수출·수입 등 허가대상인 야생생물
　　　　　　　　└ 국외 IUCN Red List 'LC' (Least Concern, 최소관심)

생활사

| 1월 | 2월 | 3월 | 4월 | 5월 | 6월 | 7월 | 8월 | 9월 | 10월 | 11월 | 12월 |

■ 활동기　■ 짝짓기　■ 산란기　■ 동면기

분류

이전까지 *Coluber*에 속했으나, 2011년 북동 유라시아 대륙에 서식하는 종을 대상으로 한 형태학, 해부학 및 지리학적 계통분류 연구 결과에 따라 새로운 속인 *Orientocoluber*로 분류했다(Kharin, 2011).

형태

전체 길이는 60~90cm이다. 등면은 적갈색이나 황갈색이고 정수리부터 척추를 따라 꼬리까지 황백색 또는 백색 세로줄이 길게 나 있다. 몸통 측면 상단은 적갈색이지만 하단으로 갈수록 점차 회백색이다. 머리 윗면과 측면은 암갈색이고 눈 주변과 윗입술판은 백색이다. 윗입술판 위쪽에는 흑색 가는 줄무늬가 있다. 턱밑은 보통 백색이나 담황색이다. 배면은 담황색 또는 적황색이며 특별한 무늬가 없다. 몸통 가운데 비늘열은 대부분 17개이며 비늘은 용골 없이 매끈하다.

생태

산림지역, 관목림, 초지, 하천 주변 등에 서식한다. 산림과 인접한 초지 부근을 선호하는데 내륙 산지에 비해 섬이나 해안 지역에서 관찰하기 쉽다. 줄장지뱀, 아무르장지뱀 같은 장지뱀류를 주로 먹지만 설치류나 양서류도 잡아먹으며 최근에는 다른 뱀을 잡아먹는 것도 확인되었다(Park *et al.*, 2021). 4월부터 활동하며 10월이면 동면한다. 5월에 짝짓기하고 암컷은 7월부터 8월까지 알을 8~12개 낳는다(김과 송, 2010). 체형이 가늘고 길며 다른 뱀에 비해 움직임이 무척 빠르다. 7~10월 사이 일일 평균 26m씩 이동하며 행동권은 1.6ha이다(박, 2023).

Orientocoluber spinalis (Peters, 1866)

Distribution Widely distributed throughout the Korean Peninsula

Morphology and ecology

Total body length ranges 60-90 cm. Dorsals are reddish or yellowish brown. A white stripe runs on the dorsum plate from the head to the tail. From the head, the lateral color of the body trunk changes from reddish brown to gray white. The top and sides of the head are light brown. Supralabials are white with thin, vertical gray stripes. Ventrals are light yellow or reddish yellow. On the ventrals, there are no spots or stripes. Dorsal scales are 17 rows. No keels are present on the smooth dorsals.

It is observed in forest areas, shrub land, grassland and riparian areas and in particular, more frequently, in coastal areas and on islands. They prefer grassland as their major habitat, adjacent to forests. Diets include lizards, amphibians and shrews. They are ophiophagous, foraging on small Japanese keelback, skink and lizard. They are active from April on, mate in late May and lay 8-12 eggs between July and August. They daily move 26 m between July and October and have a 1.6 ha non-breeding home range.

형태

측면(2010년 8월, 전남 해남)

둥근 머리(2013년 9월, 전남 해남)

몸통 측면(2013년 9월, 전남 해남)

몸통 배면(2013년 9월, 전남 해남)

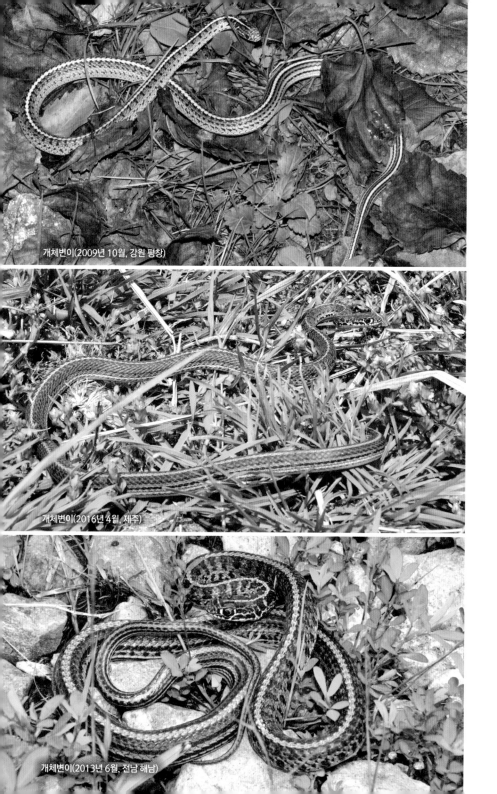

개체변이(2009년 10월, 강원 평창)

개체변이(2016년 4월, 제주)

개체변이(2013년 6월, 전남 해남)

초지를 빠르게 이동(2010년 8월, 충북 제천)

바위 아래 숨은 개체(2016년 4월, 제주)

위협을 느끼고 머리 감추기(2013년 6월, 전남 해남)

바위 위에서 일광욕(2013년 6월, 충북 제천)

온몸을 이용한 나무 오르기(2013년 9월, 전남 해남)

온몸을 이용한 나무 오르기(2013년 9월, 전남 해남)

내륙 산림(2014년 9월, 강원 영월)

산림 주변 계곡(2018년 6월, 경북 봉화)

하천 주변 초지(2014년 8월, 전남 담양)

실뱀

호수 주변 초지(2013년 9월, 전남 해남)

해안과 하구역(2013년 9월, 전남 해남)

중산간 및 오름(2017년 6월, 제주)

오름 주변 초지(2016년 4월, 제주)

척삭동물문 > 파충강 > 유린목 > 뱀과

비바리뱀

학명 *Sibynophis chinensis* (Günther, 1889)
영명 Chinese many-tooth snake

분포 ── ┌ 국내 제주도
　　　　　 └ 국외 중국, 대만, 베트남

법정관리현황 ── ┌ 국내 멸종위기 야생생물 Ⅰ급
　　　　　　　　　 └ 국외 IUCN Red List 'LC' (Least Concern, 최소관심)

생활사

| 1월 | 2월 | 3월 | 4월 | 5월 | 6월 | 7월 | 8월 | 9월 | 10월 | 11월 | 12월 | | |

██ 활동기　██ 짝짓기　██ 산란기　██ 동면기

형태

전체 길이는 30~60cm로 대륙유혈목이와 비슷하다. 등면은 황갈색이나 적갈색이고 특별한 무늬가 없다. 정수리는 흑색이며 불규칙한 무늬가 있다. 이 무늬는 목덜미까지는 넓게 이어지고 목덜미 아래에서부터는 척추를 따라 서서히 가늘어지다가 희미해진다. 윗입술판 안쪽은 백색이고 위쪽과 아래쪽에 흑색 가는 줄무늬가 있다. 아랫입술판은 담황색이며 턱밑은 담황색과 황백색이 모두 나타난다. 배면은 담황색이나 황백색이고 배비늘 양쪽 가장자리는 적갈색이다. 대륙유혈목이와 달리 배비늘 가장자리에 흑갈색 반점이 없다. 몸통 가운데 비늘열은 대부분 17개이며, 비늘은 용골 없이 매끈하다. 알은 백색이고 길이는 25mm, 폭은 9.8mm이다. 갓 부화한 새끼는 전체 길이가 18cm이다(Banjade et al., 2020).

생태

우리나라에서는 제주도에만 서식하며 개체 수가 매우 적다. 중산간 산림지역에서부터 해안까지 폭넓게 분포한다. 산림과 인접한 초지, 소와 말 방목장, 해안 주변 주택가, 오름이나 곶자왈에 형성된 습지 주변에서 주로 관찰된다. 도마뱀을 비롯해 대륙유혈목이와 같은 뱀도 잡아먹는다(김과 오, 2005, 장 등, 2010). 4월부터 활동하며 암컷은 6월에 알을 6~8개 낳는다. 9월에 여러 마리가 한곳에 모여 집단으로 짝짓기한다(Koo et al., 2018). 11월부터 동면에 들어간다. 6월 한 달 동안 일일 평균 13m 정도씩 이동한다(박 등, 2011).

Sibynophis chinensis (Günther, 1889)

Distribution Only Jeju Island

Morphology and ecology

Total body length ranges 30-60 cm. Dorsals are reddish or yellowish brown. No spots or stripes are present on the dorsal scales. The top of the head is black with blackish brown spots that extend to the nape. Supralabials are white with thin vertical gray stripes and infralabials are light yellow. Ventrals are light yellow or yellowish white, with the reddish brown edge. Also, no spots or stripes are present on the ventral scales. Dorsal scales are 17 rows. No keels are present on the smooth dorsal scales. Eggs are white, with a length of 2.5 cm and the width of 0.98 cm. The length of just-hatched hatchling is 18 cm.

The snake is found only on Jeju Island, where population density is very low. It is found in various areas, from the middle mountainous forest to the coastal area. Their main habitats include grassland adjacent to forests, pastures developed for grazing cattle and horses, coastal farmland and wetland adjacent to Oreum or Gotjawal. They are ophiophagous, foraging on small skinks, lizards and Japanese keelback. From April on, they are active, lay 6-8 eggs in June, mate in groups of several snakes in September and begin to hibernate in early November.

등면(2010년 7월, 제주)

둥근 머리(2010년 7월, 제주)

몸통 등면(2010년 7월, 제주)

몸통 배면(2010년 7월, 제주)

개체변이(2021년 9월, 제주) 개체변이(2013년 7월, 제주)

줄장지뱀 사냥(2013년 7월, 실내 촬영)

바위 아래 숨은 개체(2011년 6월, 제주)

줄장지뱀과 대륙유혈목이를 사냥한 개체(2010년 9월, 제주)

위협을 느껴 머리를 감춘 개체(2011년 2월, 실내 촬영)

초지에서 줄장지뱀 사냥(2009년 8월, 제주)

오름 주변 초지(2013년 7월, 제주)

오름 내부 및 산림(2016년 4월, 제주)

곶자왈 물웅덩이와 주변 산림(2013년 3월, 제주)

해안 주변 초지(2016년 4월, 제주)

척삭동물문 > 파충강 > 유린목 > 살모사과

쇠살모사

학명 *Gloydius ussuriensis* (Emelianov, 1929)
영명 Ussuri mamushi

분포 ──┌ 국내 전국
       └ 국외 러시아, 중국

법정관리현황 ──┌ 국내 포획·채취 등의 금지 야생생물, 수출·수입 등 허가대상인 야생생물
              └ 국외 IUCN Red List 'LC' (Least Concern, 최소관심)

생활사

| 1월 | 2월 | 3월 | 4월 | 5월 | 6월 | 7월 | 8월 | 9월 | 10월 | 11월 | 12월 |

■ 활동기 ■ 짝짓기 ■ 출산기 ■ 동면기

분류

이전까지 *Agkistrodon*에 속했으나, 1999년 전 세계에 서식하는 뱀에 대한 계통분류학적, 지리학적 분포 연구에 따라 새로운 속인 *Gloydius*로 분류되었다(McDiarmid, 1999).

형태

전체 길이는 25~50cm이다. 지역과 개체에 따라 체색변이가 다양한데 특히 제주도 서식 개체는 내륙의 살모사와 매우 비슷하다. 등면은 흑갈색, 암갈색, 적갈색 또는 황갈색이고 담황색 가로 줄무늬가 산재한다. 이 줄무늬 사이에는 가장자리가 암갈색이나 흑색이고 안쪽이 황갈색인 반점이 있다. 몸통의 반점은 개체에 따라 줄무늬로 나타나기도 한다. 머리는 삼각형이고 동공은 세로형이다. 머리 윗면은 대부분 황갈색이며, 흑갈색이나 암갈색 반문이 있다. 머리 측면 위쪽에는 눈 뒤에서부터 목덜미까지 황백색이나 백색 가는 줄무늬가 있거나 희미하고 아래쪽에는 암갈색 굵은 줄무늬가 있다. 윗입술판과 아랫입술판은 모두 황백색이다. 콧구멍과 눈 사이에 열을 감지하는 피트기관이 있다. 혀는 대부분 적색 또는 담적색이다. 배면은 대부분 흑색이며 백색이나 황갈색 또는 암갈색으로 불규칙한 반점이 산재한다. 몸통 가운데의 비늘열은 21개이며 모든 비늘에 강한 용골이 있다. 살모사과 3종 가운데 가장 작다.

생태

산림지역, 경작지, 습지, 하천, 묘지 주변을 비롯해 해안가, 섬 지역 같은 다양한 서식지에서 비교적 쉽게 관찰된다. 주로 등줄쥐 같은 설치류를 선호하며 조류, 양서류를 비롯해 도마뱀 같은 파충류도 잡아먹는다. 특히 섬 지역에 서식하는 개체는 지네 같은 절지류를 잡아먹기도 한다(김과 오, 2014). 4월부터 활동하며 10월이면 동면한다. 암컷은 8월부터 9월까지 새끼를 최대 9마리 낳으며, 갓 태어난 새끼의 전체 길이는 15~20cm이다. 대부분 9월에 짝짓기하고 암컷은 수컷의 정자를 체내에 보관했다가 이듬해 수정시켜 새끼를 낳는다. 그런데 번식에 많은 에너지가 소모되기 때문에 암컷은 매년 번식하지는 않는 것으로 보인다(김, 2011). 머리 안쪽에 독샘이 한 쌍 있으며, 이 독을 위턱 앞쪽의 독니로 분비한다.

Gloydius ussuriensis (Emelianov, 1929)

Distribution Widely distributed throughout the Korean Peninsula

Morphology and ecology

Total body length ranges 25-50 cm. Dorsal scales are highly variable, ranging from blackish to light, reddish and yellowish brown and have horizontal light yellow spots or stripes. Spots and stripes greatly vary in color, feature and pattern. The head shape is a triangle. They have vertical pupils. The color of the crown of the head is yellowish brown. Blackish and light brown spots are present on the head. Supralabials and infralabials are light brown. They have the pit organ, which detects heat and is located between the eye and nostril. The tongue is distinctively red or light red. Ventrals are black and white. Yellowish brown or light brown spots are present on the ventral scales. Dorsal scales are 21 rows. Strong keels are present on the whole dorsal scales. This snake is the smallest among three viper species.

It is easily observed in various habitats, such as forest areas, farmland, wetland, rivers and near cemeteries, as well as coastal and island areas. They prefer small mammals as prey and also include birds, amphibians and lizards. On islands, they also prey on arthropods such as centipedes. They become active in April, give birth up to 9 offspring (with a total length of 15-20 cm) between August and September and begin to hibernate in late October. They mate in September, forming a mating ball of one female and several males. Females will reserve sperm and fertilize eggs next spring. Snakes may not breed every year. They have a venom gland in the head and the toxin is released through the pang.

형태

등면(2010년 8월, 강원 홍천)

독니(2005년 7월, 강원 평창)　수컷 생식기(2005년 9월, 강원 평창)

갓 태어난 새끼(2013년 6월, 경기 포천)

개체변이(2018년 8월, 강원 정선)

개체변이(2010년 5월, 충북 충주)

개체변이(2013년 7월, 제주)

개체변이(2010년 8월, 강원 홍천)

개체변이(2014년 6월, 강원 영월)

개체변이(2012년 9월, 전남 신안)

개체변이(2013년 7월, 제주)

개체변이(2013년 9월, 제주)

개체변이(2011년 7월, 제주)

수풀에서 일광욕(2019년 7월, 경북 영양)

밭둑에서 일광욕(2019년 5월, 경북 봉화)

나무 아래 숨은 개체(2011년 9월, 제주)

바위 아래 숨은 개체(2010년 7월, 충북 충주)

하천에서 헤엄치는 개체(2010년 9월, 충북 충주)

집단 짝짓기(2005년 9월, 충북 단양)

내륙 산림(2011년 4월, 강원 삼척)

산림 및 주변 계곡(2011년 9월, 제주)

산림 주변 밭(2011년 7월, 경기 포천)

하천 주변 제방(2019년 5월, 경북 영양)

경작지와 주변 석축(2011년 9월, 충남 청양)

논과 주변 수로(2011년 6월, 충남 아산)

척삭동물문 > 파충강 > 유린목 > 살모사과

살모사

학명 *Gloydius brevicaudus* (Stejneger, 1907)
영명 Short-tailed Mamushi

분포 ── ┌ 국내 전국(제주도 제외)
           └ 국외 중국

법정관리현황 ── ┌ 국내 포획·채취 등의 금지 야생생물, 수출·수입 등 허가대상인 야생생물
                  └ 국외 IUCN Red List 'LC' (Least Concern, 최소관심)

생활사

| 1월 | 2월 | 3월 | 4월 | 5월 | 6월 | 7월 | 8월 | 9월 | 10월 | 11월 | 12월 | ▊ 활동기 ▊ 짝짓기(활동기) ▊ 출산기 ▊ 동면기 |

분류

이전까지 *Agkistrodon*에 속했으나, 1999년 전 세계에 서식하는 뱀에 대한 계통분류학적, 지리학적 분포 연구에 따라 새로운 속인 *Gloydius*로 분류되었다(McDiarmid, 1999).

형태

전체 길이는 30~55cm이다. 지역과 개체에 따라 체색변이가 다양하다. 등면은 대부분 황갈색이고 가장자리는 흑색이나 흑갈색이며, 안쪽이 황갈색인 원형 반점이 뚜렷하게 나타난다. 등면의 반점은 때때로 불규칙하게 나타나기도 한다. 머리는 삼각형이고 동공은 세로형이다. 머리 윗면은 대부분 황갈색이며, 흑색이나 흑갈색 반문이 있다. 머리 측면 위쪽에는 눈 뒤에서부터 목덜미까지 백색 가는 줄무늬가 뚜렷하게 나타난다. 피트기관부터 눈을 지나 목덜미까지 흑색 또는 흑갈색 굵은 줄무늬가 있다. 윗입술판과 아랫입술판은 모두 백색이나 황백색이며, 혀는 대부분 흑색이다. 배면은 대부분 흑색이며 불규칙한 백색 반문이 산재한다. 대부분 꼬리 끝이 황색이지만 개체에 따라 황갈색이나 흑갈색도 있다. 몸통 가운데 비늘열은 대부분 23개이며 모든 비늘에 강한 용골이 있다.

생태

산림지역, 경작지, 습지 주변에서 주로 관찰된다. 주로 참개구리, 큰산개구리 같은 양서류, 도마뱀류, 어류, 설치류를 잡아먹는데, 섬 지역에서는 지네 같은 절지류도 잡아먹는다. 4월부터 활동하며 10월이면 동면한다. 5월부터 9월까지 짝짓기하고 암컷은 8월부터 9월까지 새끼를 2~20마리 낳는다(김과 송, 2010). 머리 안쪽에 독샘이 한 쌍 있으며 윗턱 앞쪽에 독니가 있다.

Gloydius brevicaudus (Stejneger, 1907)

Distribution Widely distributed throughout the Korean Peninsula except Jeju Island

Morphology and ecology

Total body length ranges 30-55 cm. Body color widely varies between individuals and regions. Dorsal scales are yellow-brown with circular yellow-brown spots and black or blackish brown edges. The distribution pattern of the spots varies between individuals. The head shape is a triangle. They have vertical pupils. The color of the crown of the head is yellowish brown. On the head, there are black or blackish brown spots. A distinct, thin white line appears on the side of the head between the back of the eye and the end of the nape. A black oviform area is present between the supralabials and the white line. Supralabials and infralabials are light brown. They have the pit organ. The tongue is black. Ventral scales have irregular black and white spots. The tail tip is often distinctively yellow. Dorsal scales are 23 rows. Strong keels are present on the whole dorsal scales.

It is observed in forest areas, on farmland and around wetlands. They prefer small mammals, fish, amphibians and lizards as prey. On the island, they also prey on arthropods such as centipedes. They become active in April, give birth to 2-20 offspring between August and September and start to hibernate in late October. They have a venom gland in the head and the toxin is released through the pang.

형태

등면(2007년 6월, 충북 충주)

머리(2011년 10월, 강원 홍천)

몸통 측면(2007년 7월, 강원 평창)

독니(2007년 7월, 강원 평창)

개체변이(2011년 10월, 경남 창녕)

개체변이(2012년 5월, 충남 아산)

개체변이(2011년 9월, 강원 춘천)

개체변이(2012년 4월, 충북 충주)

개체변이(2015년 8월, 인천 강화)

수풀에서 일광욕(2007년 7월, 강원 영월)

돌무덤에서 일광욕(2009년 8월, 충북 충주)

나무 아래 숨은 개체(2013년 5월, 충남 아산)

저수지에서 먹이 찾기(2015년 7월, 경기 평택)

논에서 먹이 찾기(2010년 8월, 인천 강화)

위협을 느끼고 몸을 납작하게 늘리기(2007년 9월, 충북 충주)

살모사

내륙 산림(2021년 3월, 경북 영양)

산림 주변 논과 밭(2011년 3월, 강원 영월)

산림 및 계곡(2012년 3월, 충북 충주)

척삭동물문 > 파충강 > 유린목 > 살모사과

까치살모사

학명 *Gloydius intermedius* (Strauch, 1868)
영명 Central asia pitviper

분포 ── ┌ 국내 전국(제주도 제외)
　　　　└ 국외 러시아, 중국

법정관리현황 ── ┌ 국내 포획·채취 등의 금지 야생생물, 수출·수입 등 허가대상인 야생생물
　　　　　　　　└ 국외 IUCN Red List 'LC' (Least Concern, 최소관심)

생활사

| 1월 | 2월 | 3월 | 4월 | 5월 | 6월 | 7월 | 8월 | 9월 | 10월 | 11월 | 12월 |

활동기　출산기　동면기

분류

이전까지 *Agkistrodon*에 속했으나, 1999년 전 세계에 서식하는 뱀에 대한 계통분류학적, 지리학적 분포 연구에 따라 새로운 속인 *Gloydius*로 분류되고 학명도 변경되었다(McDiarmid, 1999).

형태

전체 길이는 40~70cm이다. 지역과 개체에 따라 체색변이가 다양하다. 등면은 대부분 암갈색이나 흑갈색이고 담황색이나 황갈색 가로 줄무늬와 흑색이나 흑갈색 가로 줄무늬가 번갈아 나타난다. 때때로 흑색 가로 줄무늬는 몸통 앞부분에서 반점 형태로 나타나기도 한다. 머리는 삼각형이고 동공은 세로형이다. 머리 윗면에는 대부분 암갈색이나 황갈색인 뚜렷한 화살표 모양 줄무늬가 있어서 살모사과의 다른 종들과 쉽게 구별된다. 머리 측면은 대부분 황갈색인데 다른 독사들과 달리 눈 위에 백색이나 황백색 가는 줄무늬가 없다. 피트기관부터 눈을 지나 목덜미까지 흑색 또는 흑갈색 굵은 줄무늬가 있으며, 윗입술판과 아랫입술판은 모두 백색이나 황백색이다. 혀는 대부분 암갈색이다. 배면은 대부분 흑색이며 불규칙한 백색 반문이 산재한다. 몸통 가운데의 비늘열은 대부분 23개이며 모든 비늘에 강한 용골이 있다. 우리나라에 서식하는 살모사과 3종 가운데 가장 크다.

생태

산림지역, 능선, 계곡, 경작지에서 주로 관찰된다. 주로 개구리 같은 양서류, 등줄쥐나 다람쥐 같은 설치류를 잡아먹는다. 대부분 울창한 고산지역 산림에 서식하는데 여름철이면 인근 계곡이나 경작지 같은 저지대로 내려오기도 한다. 4월부터 활동하며 10월이면 동면한다. 암컷은 8월부터 새끼를 3~8마리 낳으며 갓 태어난 새끼는 길이가 20~24cm이다(Zhao, 1998). 짝짓기에 대해서는 알려진 것이 없다. 머리 안쪽에 커다란 독샘이 한 쌍 있고 윗턱 앞쪽에 독니가 있다.

Gloydius intermedius (Strauch, 1868)

Distribution Widely distributed throughout the Korean Peninsula except Jeju Island

Morphology and ecology

Total body length ranges 40-70 cm. Body color widely varies between individuals and regions. Dorsal scales are yellow-brown to blackish brown in color. Through the entire body trunk, a horizontal light yellowish or blackish brown stripe appears in turn. In some individuals, stripes on the upper body appear as spots. The head shape is a triangle. They have vertical pupils. The color of the crown of the head is yellowish brown. Black and blackish brown spots are present on the head. On the side of the head, there is no thin white line, unlike in the other two viper species. Sometimes there are thick gray lines from the end of the pit organ to the nape. Supralabials and infralabials are white or light brown. They have the pit organ. The tongue is light brown. Ventral scales have irregular black and white spots. Dorsal scales are 23 rows. Strong keels are present on the whole dorsal scales. The snake is the largest among the three viper species.

It is found in the forest and along the mountain edge during the spring and autumn, but in the valley or in cultivated areas during the summer. They prefer small mammals and sometimes amphibians as prey. They become active in April, give birth to 3-8 offspring (with a total length of 20-24 cm) in August and start to hibernate in late October. They have the venom gland in the head and the toxin is released through the pang.

형태

등면(2011년 10월, 충북 단양)

독니(2007년 6월, 강원 평창)

개체변이(2010년 8월, 강원 홍천)

개체변이(2009년 8월, 경북 경산)

개체변이(2018년 8월, 강원 정선)

개체변이(2006년 6월, 강원 강릉)

개체변이(2019년 9월, 강원 영월)

수풀에서 일광욕(2009년 8월, 강원 삼척)

바위 위에서 일광욕(2010년 7월, 충북 단양)

수풀 안에 숨은 개체(2010년 8월, 충북 충주)

공격 자세(2010년 7월, 충북 충주)

어미와 어린 개체(2011년 10월, 강원 원주)

갓 태어난 새끼(2011년 10월, 강원 원주)

산림 주변 논과 밭(2018년 4월, 강원 영월)

내륙 산림(2018년 4월, 경북 봉화)

산림 및 계곡(2011년 4월, 강원 삼척)

척삭동물문 > 파충강 > 유린목 > 코브라과

얼룩바다뱀

학명 *Hydrophis cyanocinctus* Daudin, 1803
영명 Annulated sea snake

분포 ┌ 국내 서해
└ 국외 태평양, 인도양 등

법정관리현황 ┌ 국내 해당사항 없음
└ 국외 IUCN Red List 'LC' (Least Concern, 최소관심)

생활사

| 1월 | 2월 | 3월 | 4월 | 5월 | 6월 | 7월 | 8월 | 9월 | 10월 | 11월 | 12월 | ■ 활동 및 번식(연중)

© Tsai

형태

전체 길이 110~200cm, 무게는 250~1,020g으로 가장 긴 바다뱀 중 하나다. 머리는 흑색이고 몸통은 광택이 나는 황색 또는 백색이다. 청색을 띠는 회색 또는 흑색 줄무늬가 몸통에 50~70개, 꼬리에 6~9개가 있으며, 이 줄무늬는 등면 쪽이 배면 쪽보다 넓다. 비간판 없이 콧판이 서로 맞닿으며, 윗입술판은 7~8개이고 독니 뒤쪽의 이빨은 5~8개이다. 등비늘열은 목 부위에서 27~35개, 몸통 중간 부위에서 35~47개이다. 배비늘은 279~390개, 꼬리비늘은 37~57개이다. 암컷이 수컷에 비해 몸통이 크다.

생태

태평양, 인도양에 주로 분포하며, 일본에서는 매우 드물게 관찰된다. 우리나라에서는 인천광역시 옹진 앞바다에서 1개체를 포획한 기록이 있다(원, 1971). 주로 열대와 아열대 해양에서 서식하며, 북반구에서는 따뜻한 계절(4~11월)에 발견된다. 주로 연안 근처 수심 30m 이내 바닥에서 관찰된다. 머리에 모세혈관이 집중적으로 발달해 용존산소를 곧바로 흡수하며 수중에서 장시간 머물 수 있다(Palci et al., 2019). 주로 뱀장어를 잡아먹으며 종종 망둥어과에 속한 어류도 먹는다(Das, 2007). 난태생으로 암컷은 새끼를 3~16마리 낳으며 갓 태어난 새끼의 길이는 45cm이다(Heatwole et al., 1999).

Hydrophis cyanocinctus Daudin, 1803

Distribution Rarely found in the West Sea

Morphology and ecology

Total body length ranges 110-200 cm and the weight ranges 250-1,020 g. This species is one of the longest sea snakes. The skin on the head is black and the trunk of the body is shiny yellow or light gray. Distinctive black or bluish-black v-shape stripes are on the body trunk (50-70 strips) and on the tail (6-9 strips). Two nasal scales are joined together in the absence of an internasal scale. The nostrils point toward the sky. The number of supralabials ranges 7-8. Five to eight teeth are present rear the pang. Dorsal scales are 27-35 on the nape and 35-47 on the mid-body. They have 279-390 ventrals and 37-57 tail scales. Females are larger than males.

It is found from the eastern Arabian Gulf to Indonesia, the Philippines and China and are especially common in warm waters like India, Pakistan and Malaysia. They are rarely found in Japan. They are found on the seafloor at the depths of less than 30 meters. They primarily consume eels and rarely consume gobies fish. They give birth 3-16 snakes in a clutch, whose length is 45 cm. They have well-developed capillaries on their head skin, allowing them to stay submerged for an extended period of time.

척삭동물문 > 파충강 > 유린목 > 코브라과

먹대가리바다뱀

학명 *Hydrophis melanocephalus* Gray, 1849
영명 Slender-necked sea snake

분포 ──────┌ 국내 남해, 동해
　　　　　　　└ 국외 태평양, 인도양 등

법정관리현황 ┌ 국내 포획·채취 등의 금지 야생생물
　　　　　　　　└ 국외 해당사항 없음

생활사

| 1월 | 2월 | 3월 | 4월 | 5월 | 6월 | 7월 | 8월 | 9월 | 10월 | 11월 | 12월 |　　활동기　　 번식기

© Sasai

형태

전체 길이는 대개 95~145cm이며 최대 168cm인 개체가 확인된 사례도 있다(Bacolod, 1990). 몸은 담황색이고 청색을 띠는 회색 또는 흑색 줄무늬가 40~60개가 있다. 머리는 흑색이고 담황색 점무늬가 있으며 작은 편이다. 독니 뒤쪽의 이빨은 6~8개이며 비간판 없이 콧판이 서로 붙어 있다. 윗입술판은 7~8개이고 3~4번째가 눈과 접한다. 윗입술판 2번째와 마지막 판은 크기가 매우 작다. 비늘열은 목 부위에서 23~27개, 몸통 중간 부위에서 33~41개이다. 등면 비늘은 서로 겹치며 비늘마다 융골이 있다. 배비늘은 289~358개, 꼬리비늘은 31~49개이다. 암컷이 수컷에 비해 크고 머리가 넓으며 꼬리가 짧은 것이 특징이다.

생태

생태는 알려진 것이 거의 없다. 주로 연안에 서식하지만 종종 수심이 150~200m인 곳에서 발견되기도 한다. 암컷은 2~3년에 한 번씩 번식하는 것으로 추정한다(Fujishima et al., 2021). 난태생으로 암컷은 새끼를 1~8마리 낳는다(Masunaga et al., 2005). 주로 붕장어나 망둑어과 어류를 잡아먹는데, 물속에서는 후각만으로 먹이를 찾기 어렵기 때문에 먼저 멀리서 시각으로 먹이를 찾고 근처로 다가가 화학적 신호로 추적해 잡아먹는다(Kutsuma, 2018).

Hydrophis melanocephalus Gray, 1849

Distribution Rarely found in the South and East Sea

Morphology and ecology

Total body length ranges 95-145 cm. The longest snake was recorded at 168 cm. Its head is distinctively narrow. The diameter of the body trunk is 2-3 times greater than that of the head. Yellow spots are present on the black head. The color of the trunk is light yellow. Light yellow or bluish gray stripes are present on the trunk (40-60 strips). Without an internasal scale, two nasal scales are joined together. The nostrils point toward the sky. The number of supralabials varies 7-8. Six to eight teeth are present rear the pang. Dorsal scales are 23-27 on the nape and 33-41 on the mid-body. Keels are found on the dorsal scales. They have 289-358 ventrals and 31-49 tail scales. The body length of females is longer than that of males, with a larger head, but a shorter tail.

It is mostly found in coastal waters, but only rarely at the depths of 150-200 meters. They feed fishes in Ophichthidae, Congridae, Trichonotidae and Gobiidae. They locate the shelters of their prey visually at a distance and find the prey by smell up close. They breed every 2-3 years and give birth to 1-8 snakes in a clutch.

등면(2019년 5월, 실내 촬영)

측면(2019년 5월, 실내 촬영)

머리(2018년 3월, 일본 수마아쿠아리움 ⓒ Sasai)

꼬리(2019년 5월, 실내 촬영)

바닥에서 먹이 찾기(2009년 11월, 일본 오키나와 ⓒ Sasai)

수조에서 헤엄치는 개체(2018년 3월, 일본 수마아쿠아리움)

먹이 먹기(2018년 3월, 일본 수마아쿠아리움)

척삭동물문 > 파충강 > 유린목 > 코브라과

바다뱀

학명 *Hydrophis platurus* (Linnaeus, 1766)
영명 Yellow-bellied sea snake

분포 ┌ 국내 남해, 제주 해역
　　　　└ 국외 태평양, 인도양 등

법정관리현황 ┌ 국내 포획·채취 등의 금지 야생생물
　　　　　　　　└ 국외 IUCN Red List 'LC' (Least Concern, 최소관심)

생활사

| 1월 | 2월 | 3월 | 4월 | 5월 | 6월 | 7월 | 8월 | 9월 | 10월 | 11월 | 12월 | **활동 및 번식**(연중) |

분류

이전에는 등면과 배면의 뚜렷한 체색 구분, 먼 바다에서 서식하는 생태 등을 근거로 단일 속인 *Pelamis*의 단일 종으로 분류했으나, 유전자 분석을 기반으로 한 계통분류 연구 결과에 따라 *Hydrophis*에 속하는 종으로 변경했다(Sanders *et al.*, 2012).

형태

전체 길이는 72~88cm, 무게는 72~140g이다. 우리나라 제주에서 발견한 4개체는 전체 길이가 52~69cm, 무게는 72~110g이었다(Kim *et al.*, 2020). 다른 바다뱀류와 달리 등면은 흑색이고 배면은 황색으로 등면과 배면의 구분이 뚜렷하다. 매우 드물게 전체가 황색인 개체도 있다(Rasmussen, 2001). 꼬리는 흑색이고 황색 얼룩 줄무늬가 있다. 콧판은 길쭉하고 서로 맞닿는다. 콧구멍은 하늘을 향하며 바닷물이 들어오는 것을 막는 덮개가 있다. 윗입술판은 7~9개이고 아랫입술판은 10~11개이다. 머리가 납작하고 턱이 길어 바다뱀류 가운데 입이 가장 크다. 독니 뒤쪽의 이빨은 7~11개이다. 비늘열은 몸통에서 49~67개이며, 배비늘은 264~406개이다.

생태

태평양, 인도양 등을 비롯한 대양에 서식하는 종으로 파충류 가운데 서식 면적이 가장 넓다(Cogger, 2007). 다른 바다뱀류와 달리 연안이 아닌 대양을 떠돌아다니기 때문에 주로 표층이나 수면에서 관찰된다. 최대 24시간 동안 잠수할 수 있으나 보통 4~5시간 잠수하고, 수심 15m 이상 깊은 곳에서 발견된 사례가 거의 없다. 대양에 떠다니는 부유물 속에 숨어 살기도 한다. 어린 개체는 주로 맹그로브 숲에서 발견되기 때문에 어린 시기에는 조간대에서 보내는 것으로 추정한다(Minton, 1966). 난태생으로 바다에서 새끼를 낳으며 기후가 적당한 지역에서는 연중 번식한다. 암컷은 새끼를 10마리 정도 낳으며, 갓 태어난 새끼는 길이가 22~26cm이다(Savage, 2002). 태풍이나 높은 파도에 해안으로 밀려 올라오기도 하는데 배비늘이 퇴화해 육상에서는 움직임이 매우 둔하다. 물속에서 피부로 산소를 최대 33% 정도까지 흡수할 수 있다(Graham, 1974). 바닷물을 직접 마실 수는 없어서 비가 오는 날 표층에 있는 담수를 마시는 것으로 알려졌다.

Hydrophis platurus (Linnaeus, 1766)

Distribution Rarely found in the Jeju and South Sea

Morphology and ecology

Total body length ranges 72-88 cm and body weight ranges 72-140 g. Dosal color is black and the ventral color is yellow. From the near cloaca to the tip of the tail, there are black spots on a white background. The tail is flat and paddle-shaped. Without an internasal scale, two elongated nasal scales are adjoined together. The nostrils point toward the sky and have lids. The number of supralabials ranges 7-9, while the number of infralabials ranges 10-11. They have an elongated jaw, a flat head and the largest snout among sea snakes. Seven to eleven teeth are present rear the pang. They have 49-67 dorsal scales on the body trunk and 264-406 ventral scales.

It is found in a variety of oceans, with temperatures ranging 11.7-36 °C in the Pacific and Indian Oceans. It floats in the pelagic ocean and lives by relying on floating objects such as seaweed, but young individuals are mainly found in mangrove forests. They use the surface layer of the ocean, not the seafloor. They rarely dive deeper than 15 m, but can stay submerged for more than 24 hours; in most cases, they are submerged for less than 4 hours. While submerging, more than 33% of oxygen can be absorbed through the skin. In suitable climates, they breed all year around. After 6-8 months of gestation, they give birth to 1-10 snakes in a clutch, with body lengths ranging from 22-26 cm. When it rains, they drink fresh water from the surface layer. In water, they can move backward. On the ground, they cannot move well because of degenerated ventral scales.

형태

등면(2017년 6월, 제주)

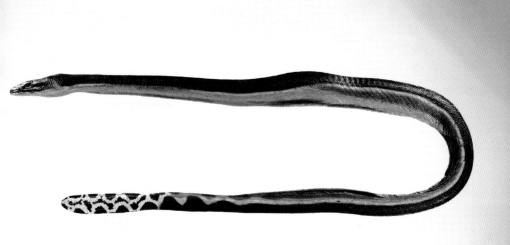

측면(2017년 3월, 실내 촬영)

배면(2017년 3월, 실내 촬영)

머리 등면(2017년 3월, 실내 촬영)

머리 측면(2017년 3월, 실내 촬영)

꼬리(2017년 3월, 실내 촬영)

조수웅덩이 근처에서 휴식(2017년 6월, 제주)

조수웅덩이에서 먹이 찾기(2017년 6월, 제주)

물속에서 헤엄치기(2017년 6월, 제주)

척삭동물문 > 파충강 > 유린목 > 코브라과

좁은띠큰바다뱀

학명 *Laticauda laticaudata* (Linnaeus, 1758)
영명 Blue-banded sea krait

분포 ── ┌ 국내 남해, 제주 해역
　　　　　└ 국외 인도양, 태평양 등

법정관리현황 ─ ┌ 국내 해당사항 없음
　　　　　　　　└ 국외 IUCN Red List 'LC' (Least Concern, 최소관심)

생활사

| 1월 | 2월 | 3월 | 4월 | 5월 | 6월 | 7월 | 8월 | 9월 | 10월 | 11월 | 12월 | ■ 활동기　■ 산란기 |

© 유지수

형태

전체 길이는 114~120cm, 무게는 350~490g이다. 등면 바탕은 짙은 흑색이며 청색 또는 담청색 가는 줄무늬가 몸통에 30~58개, 꼬리에 4~6개 규칙적으로 있다. 또한 등면부터 측면까지 줄무늬의 폭이 일정하기 때문에 그렇지 않은 넓은띠큰바다뱀과 구별된다. 배면은 황백색 또는 백색이고 검은색 또는 연회색 줄무늬가 있다. 머리는 짙은 흑색이고 주둥이 끝부분에 청색 줄무늬가 있다. 주둥이끝판은 1개이고 비간판은 2개이기 때문에 비간판이 3개인 노란입술큰바다뱀(*L. culubrina*)과 구별된다. 윗입술판은 7개이고 안전판은 1개이다. 측두판은 1+2개이다. 비늘열은 몸통에서 17~19개이며, 배비늘은 225~252개, 꼬리비늘은 38~48개이다.

생태

주로 연안의 산호군락에서 서식한다. 일광욕, 탈피, 휴식, 짝짓기 등을 목적으로 육지에 잘 올라오며 조간대 바위 밑에서 자주 관찰된다(Heatwole, 1999). 우리나라에서 발견된 3마리 중 1마리는 갯바위에 올라오다가 낚시꾼에게 발견되었다. 암컷은 해안가 동굴이나 바위 틈새로 들어가 알을 최대 5개 낳는다. 일본 오키나와 지역에서는 매년 4~11월 사이에 육지로 올라온 개체들이 자주 관찰된다(Bacolod, 1983). 주로 붕장어 같은 어류를 잡아먹는다(Heatwole *et al.*, 2005). 우리나라와 일본에서는 발견 확률이 낮고 열대와 아열대 해역에서는 출현 빈도가 높다.

Laticauda laticaudata (Linnaeus, 1758)

Distribution Rarely found in the Jeju and South Sea

Morphology and ecology

Total body length ranges 114-120 cm and body weight ranges 350-490 g. Dorsal color is blue and the ventral color is light yellow. They have cylindrical body shape and the diameter of the body trunk is relatively constant. Distinctive black stripes are present on the body trunk (30-58 stripes) and on the tail (4-6 stripes). The color of the head is black, with blue or dark blue spots on the upper lip. The tail is flat and paddle-shaped. They have one rostal and two internasal scales. The number of supralabials is 7 and that of temporals is 1+2. Dorsal scales are 19 on the mid-body. They have 225-252 ventrals and 37-57 tail scales. There are 40-53 and 5 black stripes on the trunk and tail, respectively.

It is found over a wide range, primarily in tropical regions, from New Caledonia to Niu in the south. They are rarely observed around coral colonies in Korean waters and in southern Japan. For digestion, molting, rest and mating, they use the ground. They mainly feed on eels, including some fish. They breed in coastal caves or rock crevices and lay a maximum of five eggs. Breeding occurs all year round in tropical areas, but only between April and November in Okinawa, Japan.

등면(2015년 4월, 일본 오키나와 ⓒ 이헌주)

등면(2017년 9월, 실내 촬영)

배면(2016년 11월, 실내 촬영)

머리 등면(2016년 11월, 실내 촬영)

머리 배면(2016년 11월, 실내 촬영)

꼬리(2017년 9월, 실내 촬영)

생태

주요 서식지(2015년 4월, 일본 오키나와)

산란하는 해안가 동굴(2015년 4월, 일본 오키나와)

부화한 어린 개체가 출입하는 동굴 입구(2015년 4월, 일본 오키나와 ⓒ 이헌주)

육지에서 이동(2015년 4월, 일본 오키나와 ⓒ 이헌주)

척삭동물문 > 파충강 > 유린목 > 코브라과

넓은띠큰바다뱀

학명 *Laticauda semifasciata*
Reinwardt in Schlegel, 1837
영명 Chinese sea krait

분포 ─┌ 국내 남해, 제주 해역
      └ 국외 태평양 등

법정관리현황 ─┌ 국내 해당사항 없음
             └ 국외 IUCN Red List 'NT' (Near Threatened)

생활사

| 1월 | 2월 | 3월 | 4월 | 5월 | 6월 | 7월 | 8월 | 9월 | 10월 | 11월 | 12월 |

▨ 활동기　▨ 산란기

© 임형묵

형태

전체 길이는 84~120cm, 무게는 250~1,180g이다. 우리나라 제주와 남해에서 관찰한 개체들의 전체 길이는 91~150cm, 무게는 504~1,177g이었다. 등면 바탕은 짙은 청색 또는 담청색이며 흑색 또는 연회색 줄무늬가 몸통에 34~37개, 꼬리에 5~7개 있다. 줄무늬 폭이 일정한 좁은띠큰바다뱀과 달리 V자 모양으로 등 쪽이 넓고 배 쪽이 좁다. 배면은 황색 또는 담황색이고 회색 또는 청회색 줄무늬가 있다.

머리는 몸통에 비해 작은 편이며 회색 또는 진갈색이고, 앞이마판과 윗입술에 파란색 무늬가 있는 개체도 있다. 비간판은 2개, 앞이마판은 3개, 안후판은 3개이다. 비늘열은 몸통 부분에서 17~23개, 배비늘은 190~222개, 꼬리비늘은 34~40개이다. 수컷은 암컷에 비해 꼬리 길이가 길고 항문 뒤쪽이 넓으며 암컷이 수컷보다 크다(Tu et al., 1990).

생태

큰바다뱀류 가운데 가장 북위도에 분포하는 종으로 우리나라와 일본에서 쉽게 관찰된다. 주로 수심 20m 이내 연안에 서식한다. 바닷물을 직접 마실 수 없어 담수가 유입되는 하구역에서 물을 마신다. 무리를 이루어 바위나 산호 틈으로 숨은 물고기를 사냥하기도 한다. 선홍치과, 양쥐돔과, 자리돔과 등 15과에 속하는 다양한 어류를 잡아먹는데 수컷이 암컷보다 더욱 다양한 종류를 먹는다(Yeng et al., 2005). 맹독이 있지만 온순하기 때문에 사람을 직접 공격하는 일은 매우 드물다. 물속에서 집단으로 모여 짝짓기 공을 만드는 형태로 짝짓기한다. 큰바다뱀속 중에서 수중활동 비율이 가장 높아 대부분 기간을 물에서 지내며 산란 때에만 육지에 올라온다. 해안 동굴과 같이 사람의 출입이 어려운 폐쇄된 공간에 알을 3~8개 낳으며, 알은 120~150일이면 부화한다. 갓 부화한 어린 개체는 곧바로 바다로 이동한다(Tu et al., 1990). 대만 란위섬, 일본 오키나와가 대표적인 번식지이다. 현재까지 우리나라에서 번식이 확인된 사례는 없다.

Laticauda semifasciata Reinwardt in Schlegel, 1837

Distribution Jeju Sea, South Sea

Morphology and ecology

Total body length ranges 84-120 cm and body weight ranges 250-1,180 g. Dosal color is shiny blue and the ventral color is light yellow. Upper lip is blue or brownish. Distinctive gray or light brown v-shape stripes are present on the body trunk (34-37 stripes) and on the tail (6-7 stripes). The tail is flat and paddle-shaped. They have two rostals, which are horizontally divided. They also have two internasals. There are three prefrontals and three postoculars. They have 17-23 dorsal scales, 190-222 ventral scales and 34-40 tail scales. Females are larger than males, with a greater body trunk diameter and longer tail than those of males.

It appears in tropical and temperature waters. This species is found at the most northern latitude among sea krait species. They are commonly found in Korean and Japanese waters. They prefer shallow seas with depths of less than 20 meters and prefer to drink freshwater from estuaries where freshwater flows in. They feed fish in more than 15 families, including Emmelichthyidae, Acanthuridae and Pomacentridae, hiding in rock crevices and coral colonies. Orchi Island, Taiwan and the Okinawa Islands are well-known breeding areas for the species. They breed all year around in tropical areas, with peak mating activity between August and November. They form mating balls while mating in the sea. They lay 3-8 eggs in coastal caves or remote areas on the ground. In Okinawa, Japan, they gather for mating between May and November. Young juveniles appear next March to May after 4-5 month incubation. They have neurological toxins, but due to their docility, they rarely bite humans.

형태

등면(2019년 8월, 전남 신안)

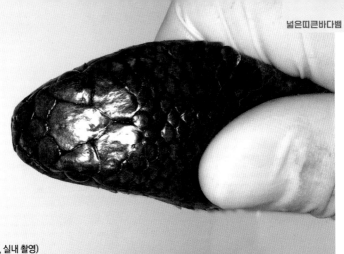

머리 등면(2017년 8월, 실내 촬영)

머리 측면(2017년 8월, 실내 촬영)

꼬리(2017년 8월, 실내 촬영)

주요 서식지(2015년 6월, 일본 오키나와)

산란하는 해안가 동굴(2015년 6월, 일본 오키나와)

물속에서 헤엄치는 개체(2013년 7월, 제주) ⓒ 김병일

맹금류에게 먹힌 개체(2016년 10월, 일본 오키나와)

항구 주변에서 관찰된 개체(2015년 10월, 전남 신안)

알(미수정)(2021년 6월, 실내 촬영)

몸에 기생하는 만각류(2016년 9월, 실내 촬영)

물속에서 헤엄치는 개체(2013년 7월, 제주 © 김병일)

참고문헌

강영선, 윤일병. 1975. 한국동식물도감 제17권 동물편(양서·파충류). 문교부.

구교성, 송재영, 장민호. 2015. 한국산 남생이(*Mauremys reevesii*)의 번식행동 관찰. 국립공원연구지 6(3): 111-114.

구교성, 장민호, 송재영. 2019. 한국산 대륙유혈목이(*Hebius vibakari*)의 집단 번식 사례 보고. 한국환경생물학회 37(1): 88-92.

김대인. 2019. 도마뱀부치(*Gekko japonicus*)의 종분포모델링, 미소서식지 이용 및 외부형태변이. 강원대학교 박사학위논문.

김리태, 한근흥. 2009. 조선동물지(량서파충류편). 과학기술출판사.

김문주. 2010a. 한국산 도마뱀(*Scincella vandenburghi*)의 성적이형에 관한 연구. 제주대학교 석사학위논문.

김병수, 오홍식. 2005. 제주산 비바리뱀(*Sibynophis collaris* Gray)의 분포와 서식지. 한국환경생태학회지 19(4): 342-347.

김병수, 오홍식. 2014. 쇠살모사 Red-tongued viper snake(*Gloydius ussuriensis*)의 먹이 이용. 한국환경생태학회지 28(6): 657-663.

김병수. 2011. 쇠살모사(*Gloydius ussuriensis*)의 생태에 관한 연구. 제주대학교 박사학위논문.

김일훈, 문대연, 조인영, 김민섭, 안용락, 한동욱, 한원민, 한동진, 박대식. 2017. 국내 바다거북류의 출현 현황과 주요 출현 2종의 형태적 특징. 한국수산과학회지 50(3): 311-318.

김일훈, 이헌주, 김자경, 최대한, 한지호, 박대식. 2013. 야행성 능구렁이(*Dinodon rufozonatum*)의 형태적 특성 및 일주기 이동패턴. 한국양서파충류학회지 2013(5): 15-25.

김자경. 2010b. 표범장지뱀(*Eremias argus*)의 생태 특성 및 증식기술개발 연구. 강원대학교 석사학위논문.

김종범, 송재영. 2010. 한국의 양서·파충류. 월드사이언스.

박대식, 오홍식, 민미숙, 김영준, 이정현, 라남용, 장민호, 김병수, 김자경, 김일훈, 김대인, 김빛나, 김태욱, 박한찬, 정아람, 박수곤, 구교성, 이헌주. 2011. 멸종위기 토종 파충류의 표준 증식기술 개발 및 기초생태 연구. 환경부.

박일국. 2023. 한국에 서식하는 실뱀(*Orientocoluber spinalis*)의 형태 및 공간생태학적 규명. 강원대학교 박사학위논문.

박일국. 2019 국내 도마뱀붙이(*Gekko japonicus*)의 서식지 이용과 행동권. 강원대학교 석사학위논문.

송재영, 차진열, 장민호, 이석우, 박종배, 김선두, 용환율, 조신일, 임양묵, 정유정, 조동길, 이지현, 김수련, 이한권, 박용수, 구교성. 2012. 남생이(*Chinemys reevesii*) 증식·복원 연구 III. 국립생물자원관.

심재한. 2001. 꿈꾸는 푸른 생명, 거북과 뱀. 다른세상.

원홍구. 1971. 조선량서파충류지. 과학원출판사. 평양.

이상철. 2011. 한국산 도마뱀아목(파충강. 유린목)의 분류 및 생태학적 연구. 인천대학교 박사학위 논문.

이원구. 2003. 남생이(파충강: 거북목) 알의 관찰 사례. 한국토양동물학회지 8(1-2): 58-60.

이정현. 2011. 한국산 구렁이(*Elaphe schrenckii*)의 분류학적 위치, 서식지 이용 및 적합성 모형 개발. 강원대학교 박사학위논문.

이정현. 2012. 제3차 전국자연환경조사 양서·파충류분야(잠정) 최종보고서. 환경부.

이태원, 박성준. 2011. 낮은 시선 느린 발걸음 거북. 씨밀레북스.

이헌주. 2010. 전라도, 경상남도 내 남생이(*Chinemys reevesii*)의 분포현황 및 서식 특성 분석. 강원대 학교 석사학위논문.

장민호, 김병수, 박수곤, 김태욱, 오홍식. 2010. 비바리뱀(*Sibynophis chinensis*)의 뱀류 섭식에 관한 최초 보고. 한국양서파충류학회지 2(1): 59-61.

장민호, 오홍식. 2012. 한국산 장지뱀과의 성적이형. 한국환경생태학회지 26(5): 668-674.

정종철, 송재영. 2010. 태안해안국립공원에 서식하는 표범장지뱀(파충강: 장지뱀과) 먹이 분석. 국립공 원연구지 1(1): 9-12.

조은빛, 김일훈, 한동진, 임지언, 조인영, 이기영, 문대연. 2022. 국내최초 푸른바다거북(*Chelonia mydas*)의 실내 인공 번식 및 어린 개체의 초기 성장 특성. 한국수산과학회지 55(6): 917-926.

Abreu-Grobois A, Plotkin P. 2008. *Lepidochelys olivacea*. The IUCN Red List of Threatened Species 2008: e.T11534A3292503.

Bacolod PT. 1983. Reproductive biology of two sea snakes of the Genus *Laticauda* from central Philippines. The Philippine Scientist, 20: 39-56.

Bacolod PT. 1990. The biology of some commercially important species of sea snakes(Hydrophiidae) in the Visayas Sea. The Philippine Scientist, 27: 61-88.

Banjade M, Jeong YH, Han SH, Kim YK, Kim BS, Oh HS. 2020. First report on the reproduction of captive Chinese many-toothed snake(*Sibynophis chinensis*) in Jeju island, South Korea. Journal of Ecology and Environment, 2020(44):6.

Bonin F, Devaux B, Dupré A. 2006. Turtles of the World. The Johns Hopkins University Press, Baltimore. 416 pp.

Bu R, Zihao Y, Haitao S. 2020. Hibernation in Reeves' Turtle (*Mauremys reevesii*) in Qichun country, Hubei province, China: Hibernation beginning and end and habitat selection. Animals, 12(18): 2411.

Cantor T. 1842. General features of Chusan, with remarks on the flora and fauna of that island [part 1]. Annals and Magazine of Natural History, 1(9): 265-278.

Chang MH, Song JY, Koo KS. 2012. The status of distribution for native freshwater turtles in Korea, with remarks on taxonomic position. Korean Journal of Environmental Biology, 30(2): 151-155.

Cogger H. 2007. Marine Snakes. In: Vickey T, Keable S (eds), Description of Key Species Groups in the East Marine Region, pp. 80-94. Australian Museum.

Das I. 2007. Snakes and Other Reptiles of Borneo. New Holland Publishers, UK.

Eckert KL, Bjorndal KA, Abreu-Grobois FA, Donnelly M. 1999. Taxonomy, external morphology and species identification. Research and management techniques for the conservation of sea turtles, 21: 11-13.

Ekanayake EML, Kapurusinghe T, Saman MM, Rathnakumara DS, Samaraweera P, Rajakaruna RS. 2016. Reproductive output and morphometrics of green turtle, *Chelonia mydas* nesting at the Kosgoda rookery in Sri Lanka. Ceylon Journal of Science, 45(3).

Farkas B, Ziegler T, Pham CT, Ong AV, Fritz U. 2019. A new species of *Pelodiscus* from northeastern Indochina (Testudines, Trionychidae). ZooKeys, 824: 71.

Feldman CR, Parham JF. 2004. Molecular systematics of old world stripe-necked turtles (Testudines: *Mauremys*). Asiatic Herpetological Reasearch, 10(29): 28-37.

Fitzsimmons NN, Tucker AD, Limpus CJ. 1995. Long-term breeding histories of male green turtles and fidelity to a breeding ground. Marine Turtle Newsletter, 68: 2-4.

Gomez E, Miclat EFB. 2001. Sea turtles. FAO Species Identification Guide for Fishery Purposes. The Living Marine Resources of the Western Central Pacific, 6: 3973-3986.

Goris RC, Maeda N. 2004. Guide to the amphibians and reptiles of Japan. Krieger Publishing Company.

Graham JB. 1974. "Aquatic respiration in the sea snake *Pelamis platurus*". Respiration Physiology, 21(1): 177.

Guo P, Zhu F, Liu Q, Zhang L, Li JX, Huang Y, Alexander P. 2014. A taxonomic revision of the Asian keelback snakes, genus *Amphiesma* (Serpentes: Colobridae: Natricinae), with description of a new species. Zootaxa, 3873(4): 425-440.

Heatwole H, Busack S, Cogger H. 2005. Geographic variation in sea kraits of the *Laticauda colubrina* complex (Serpentes: Elapidae: Hydrophiinae: Laticaudini). Herpetological Monographs, 19: 1-136.

Heatwole H. 1999. Sea Snakes. Krieger Publishing Company, Malabar.

Helfenberger N. 2001. Phylogenetic relationship of Old World Ratsnakes based on visceral organ topography, osteology and allozyme variation. Russia Journal of Herpetology. Folium Publishing Company.

Hutchinson DA, Mori A, Savitzky AH, Burghardt GM, Wu X, Meinwald J, Schroeder FC. 2007. Dietary sequestration of defensive steroids in nuchal glands of the Asian snake *Rhabdophis tigrinus*. The Proceedings of the National Academy of Sciences, 104(7): 2265-2270.

Ireland JS, Broderick AC, Glen F, Godley BJ, Hays GC, Lee PLM, Skibinski DOF. 2003. Multiple paternity assessed using microsatellite markers, in green turtles *Chelonia mydas* (Linnaeus, 1758) of Ascension Island, South Atlantic. Journal of experimental marine biology and ecology, 291(2): 149-160.

Jung SO, Lee YM, Kartavtsev Y, Park IS, Kim DS, Lee JS. 2006. The complete mitochondrial genome of the Korean soft-shelled turtle *Pelodiscus sinensis*. DNA Sequence, 17(6): 471-483.

Kamezaki N. Matsuzawa Y. Abe O. Asakawa H. Fujii T. Goto K. 2003. Loggerhead Turtles Nesting in Japan. In Loggerhead Sea Turtles; Bolten A. Witherington BE, Eds; Smithsonian Institution Press: Washington, DC, USA, 2003; pp. 210-217.

Kharin, VE. 2011. Rare and little-known snakes of the North-Eastern Eurasia. 3. On the taxonomic status of the slender racer *Hierophis spinalis* (Serpentes: Colubridae). Current Studies in Herpetology, 11(3/4): 173-179.

Kim IH, Yi CH, Lee JH, Park D, Cho IY, Han DJ, Kim MS. 2019. First record of the olive ridley sea turtle *Lepidochelys olivacea* (Reptilia: Testudines: Cheloniidae) from South Korea. Current Herpetology, 38(2): 153-159.

Kim IH, Yi CH, Park J, Kim MS, Cho IY, Kim JG, Park D. 2020. Rediscovery of the yellow-bellied sea snake (*Hydrophis platurus*) in South Korea (Squamata: Elapidae). Journal of Asia-Pacific Biodiversity, 13(3): 499-503.

Kim JK, Song JY, Lee JH, Park DS. 2010. Physical characteristics and age structure of Mongolian racerunner (*Eremias argus*; Larcertidae; Reptilia). Journal of Ecology and Field Biology, 33(4): 325-331.

Koo KS, Choi WJ, Kwon SR. 2022. A captive breeding event shows that *Scincella huanrenensis* Zhao and Huang, 1982 is ovoviviparous. Herpetology Notes, 15: 457-459.

Koo KS, Kim TW, Yang KS, Oh HS. 2018. First observation on the breeding behavavior of endangered species, Chinese many-tooth snake, *Sibynophis chinensis*. Journal of Asia-Pacific Biodiversity, 11(2018): 305-307.

Kutsuma R, Sasai T, Kishida T. 2018. How snakes find prey underwater: sea snakes use visual and chemical cues for foraging. Zoological science, 35(6): 483-486.

Lee HJ, Lee JH, Park DS. 2011. Habitat use and movement patterns of the viviparous aquatic snake, *Oocatochus rufodorsatus*, from northeast Asia. Zoological Science, 28: 593–599.

Lee HJ, Park DS. 2010. Distribution, habitat characteristics and diet of freshwater turtles in the surrounding area of the Seomjin River and Nam River in southern Korea. Journal of Ecology and Field Biology, 33: 237–244.

Matsuzawa Y, Sato K, Sakamoto W, Bjorndal, K. 2002. Seasonal fluctuations in sand temperature: effects on the incubation period and mortality of loggerhead sea turtle (*Caretta caretta*) pre-emergent hatchlings in Minabe, Japan. Marine Biology, 140(3): 639–646.

McDiarmid, RW, Campbell JA, Touré TA. 1999. Snake species of the world. Vol. 1. [type catalogue] Herpetologists' League, 511 pp.

Minton SA. 1966. A contribution to the herpetology of West Pakistan. Bulletin of the American Museum of Natural History, 134: 27–184.

Modoki M. 1987. Tutles. Akane Shoho.

NOAA. 2022. Species Directory, Green Turtle, Loggerhead turtle, Hawksbill turtle, Olive ridley sea turtle, Leatherback sea turtle. Web site. https://www.fisheries.noaa.gov/species

Okuyama J. Kitagawa T. Zenimoto K. Kimura S. Arai N. Sasai Y. Sasaki H. 2011. Trans-Pacific Dispersal of Loggerhead Turtle Hatchlings Inferred from Numerical Simulation Modeling. Marine Biology, 158: 2055–2063.

Palci A, Seymour RS, Van Nguyen C, Hutchinson MN, Lee MS, Sanders KL. 2019. Novel vascular plexus in the head of a sea snake (Elapidae, Hydrophiinae) revealed by high-resolution computed tomography and histology. Royal Society open science, 6(9): 191–199.

Park IK, Park JJ, Park JH, Min SH, Alejandro GP, Park DS. 2021. Predation of the Japanese keelback (*Hebius vibakari* Boie, 1826) by the slender racer (*Orientocoluber spinalis* Peters, 1866). Journal of Ecology and Environment, 2021(45): 19.

Park J, Kim IH, Koo KS, Park D. 2016. First record of *Laticauda semifasciata* (Reptilia: Squamata: Elapidae: Laticaudinae) from Korea. Animal Systematics, Evolution and Diversity, 32(2): 148–152.

Park J, Koo KS, Kim IH, Choi WJ, Patk D. 2017. First record of the Blue-banded sea krait (*Laticauda laticaudata*, Reptilia: Squamata: Elapidae: Laticaudinae) on Jeju Island, South Korea. Asian Herpetological Research, 8: 131–136.

Pokhilyuk NE. 2022. Notes on captive breeding of three snake species (Colubridae) from the Russian far east. Jordan Journal of Natural History 9(1): 19–23.

Rasmussen AR. 2001. Sea snakes. FAO species identification guide for fishery purposes. The living marine resources of the Western Central Pacific, 6: 3987-4008.

Sanders KL, Lee MSY, Mumpuni, Bertozzi T, Rasmussen AR. 2012. Multilocus phylogeny and recent rapid radiation of the viviparous sea snakes (Elapidae: Hydrophiinae). Molecular Phylogenetics and Evolution, 66(3): 575-591.

Savage JM. 2002. The Amphibians and Reptiles of Costa Rica, a Herpetofauna Between Two Continents, Between Two Seas. The University of Chicago Press, Chicago, 934 pp.

Stuckas H, Fritz U. 2011. Identity of *Pelodiscus sinensis* revealed by DNA sequences of an approximately 180-year-old type specimen and taxonomic reappraisal of *Pelodiscus* species (Testudines Trionychidae). Journal of Zoological Systematics and Evolutionary Research, 49: 335-339.

Tu MC, Fong SC, Lue KY. 1990. Reproductive biology of the sea snake, *Laticauda semifasciata*, in Taiwan. Journal of herpetology, 119-126.

Uchiyama R, Maeda N, Numata K, Seki S. 2002. A photographic guide: Amphibians and reptiles in Japan. Heibonsha.

Wallace BP, DiMatteo AD, Hurley BJ, Finkbeiner EM, Bolten AB, Chaloupka MY, Mast RB. 2010. Regional management units for marine turtles: a novel framework for prioritizing conservation and research across multiple scales. Plos One, 5, 0015465.

Wallace BP, Tiwari M. Girondot M. 2013. *Dermochelys coriacea*. The IUCN Red List of Threatened Species 2013.

Wang K, Lyu ZT, Wang J, Qi S, Che J. 2022. Updated Checklist and Zoogeographic Division of the Reptilian Fauna of Yunnan Province, China. Biodiversity Science, 30(4): 1-31.

Zhang Y, Du W, Zhu L. 2009. Differences in body size and female reproductive traits between two sympatric geckos, *Gekko japonicus* and *Gekko hokouensis*. Folia Zoologica, 58(1): 113-122.

Zhao E, Zhao K, Zhao K. 1999. Fauna sinica reptilia Vol. 2 squamata lacertilia. Editional Committee of Fauna Sinica, Academia Sinica. Science Press.

Zhao E. 1998. China red data book of endangered animals (Amphibia and reptila). Science Press.

찾아보기